JN156426

# 20世紀メキシコにおける農村教育の社会史

## ——農村学校をめぐる国家と教師と共同体——

青木　利夫 *AOKI, Toshio*

***Historia social de la educación rural en el México del siglo XX***

Estado, maestros y comunidades en torno a la escuela rural

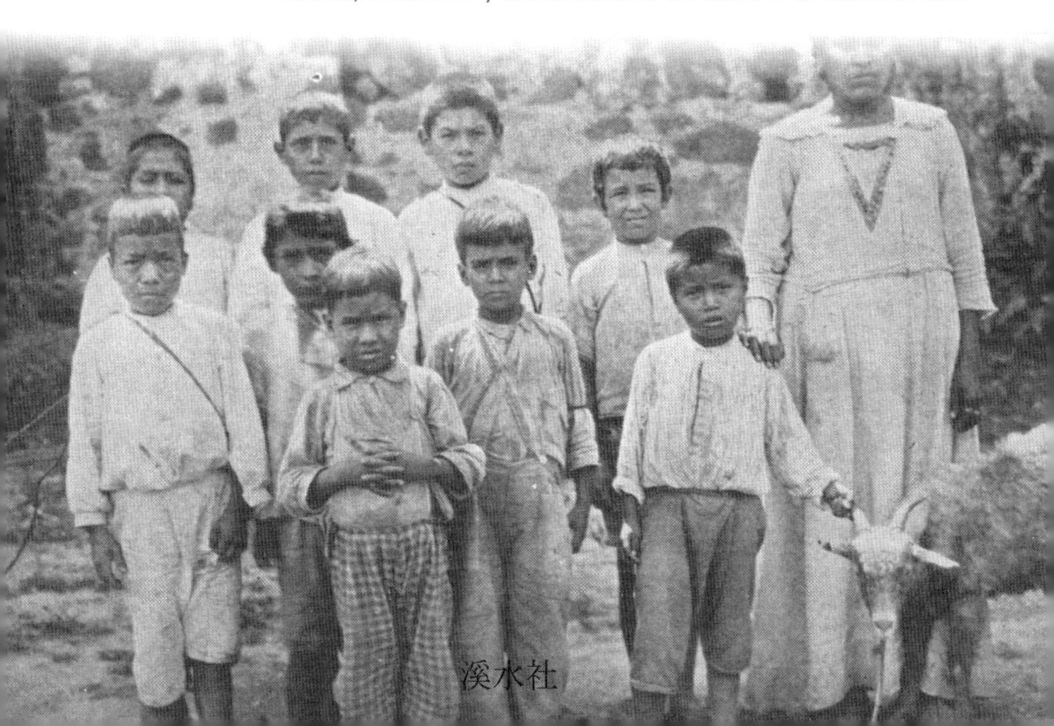

溪水社

ケレタロ州ハルパン、コンカ農村学校（Escuela Rural de Concá, Jalpan, Querétaro）の学級
出典）SEP 1927a: 140

目　次

## 第2部 「農村教育」のはじまりとその役割

### 第4章 公教育省の再建と教育の「連邦化」



### 第5章 農村地域独自の教育と「農村教師」の養成



### 第6章 社会改良運動としての「農村教育」

## 第3部　学校をめぐる国家と住民の関係史

### 第7章　農村教師となるまで



### 第8章　農村教師の戦略



### 第9章　村の学校



### 終章　メキシコにおける教育社会史研究に向けて

# 凡　例

メキシコ公教育省歴史文書館（Archivo Histórico de la Secretaría de Educación Pública）に保管されている文書の出所については、その文書が出された部局の略語、文書が保管されているボックス（caja）番号、ファイル（exp.）番号の順に記す。公教育省公報の出典については、公報名の略語、引用ページの順に、また、農村教師の回想録の出典については、文献名の略語、巻、引用ページの順に記した。各史料の略語については、巻末の史料および引用・参考文献一覧を参照のこと。

そのほかの引用などの出典については、本文のなかで、著者名、使用文献の出版年、引用ページの順に記した。外国語文献で翻訳のあるものについては、訳書のページも斜線のあとに記した。また、同一著者の同じ年の複数の文献については、出版年のあとにアルファベットを付して区別した。文献名などについては、巻末の史料および引用・参考文献一覧を参照のこと。

外国語文献からの引用は、翻訳のあるものについてはそれを参照したが、訳をかえている場合がある。また、とくに断りのないときには、かっこ内はすべて引用者による注または省略である。

注については、各章ごとにまとめて章末においた。

# 20世紀メキシコにおける農村教育の社会史

## ―農村学校をめぐる国家と教師と共同体―

# 序章　メキシコの農村教育をめぐる国家と教師と共同体

## 1. 問題の所在

子どもは、ある社会のなかで生まれると、その社会のなかで生きる能力を獲得して「ひとりだち」[1)] していくことが期待される。子どもがそうした能力を獲得して「ひとりだち」していく過程を「人間形成」とするならば、そこには子どもを取り囲む社会や自然環境などさまざまな力がはたらいており、人間形成には多様なかたちがある。そのなかでもとくに、子どもの「ひとりだち」をうながす目的をもって、意図的、計画的に介入する行為をここでは「教育」と呼ぶ。こうした「教育」の中心的な担い手となるのは、親や親族などの血縁関係にあるもの、あるいは同じ共同体内の地域住民のような地縁関係にあるものなど、時代や地域によって、あるいは民族や階層などによってさまざまであろう。また、その担い手は単独ではなく、複数の担い手が密接かつ複雑に関連しながら子どもの「ひとりだち」に関与することになる。

多様な担い手のうち国家や地方自治体などの機関が管理、統制していく教育を公教育とするならば、近代の国民国家形成期における公教育制度は、行動や思考の様式など文化において同質的な「国民」を育成し、それを「国民国家」へと統合する機能をもつものとして、世界の多くの国や地域においてその導入がはかられてきた。そして、公教育の中心的な場とされたのが学校であり、学校数や就学率などであらわされる学校教育の普及状況は、国家の近代化をはかるための重要な指標のひとつとされてきた。とりわけ、日本やメキシコなど、欧米諸国に遅れて近代化を開始した国ぐには、帝国主義列強の脅威に対抗しうる強力な国家の形成とそれを担う均質的な国民の育成のため、公教育制度の整備を積極的に推し進め、学校数や教員数を増加することによって教育の普及に力を注いだ。

従来の教育史研究は、さまざまな国や地域における公教育制度の成立や変遷、あるいは学校教育の普及状況などの歴史を明らかにするとともに、それを支えてきた為政者や思想家の理念や思想についての膨大な成果を積み上げてきた。しかしながら、こうした制度や思想にかんする歴史研究にたいしては、その一部を「官房学」として批判し、そうした視角からでは明らかにならなかった教育構造の歴史を解明しようとする研究があらわれる。欧米では1960年代末以降、日本においては1980年代以降に進められるようになった、いわゆる社会史の手法を導入した教育史研究がそれである（橋本 2007:2-6、木村 2012:3-5）。「教育社会史」と呼びうるこうした研究の潮流は、教育学や歴史学はもとより、社会学、人口学、人類学、民族学、民俗学など多様な学問分野と関連しながら、世界のさまざまな地域において、学校や教育が社会においてはたしてきた役割や、学校や教育をめぐる人びとの営みなどを歴史的な文脈のなかで明らかにしてきた[2)]。

こうした社会史の手法を使った教育史研究の日本における第一世代のひとりである中内は、従来の制度史や教育思想史研究にたいして、公教育を普及しようとする国家によって整備されていく制度やその根底にある国家支配層の意図のなかで、実際にそれを生きた人びとの歴史を明らかにしようと試みる。「新しい教育史」と題された著作において、中内はつぎのように述べた。

> 教育と教育的発達の歴史は、教育のしごとを人びとの心身の管理のひとつのかたちとみてゆく立場からすれば、その管理の制度と意図の歴史であろう。しかしながら、その多くは匿名の、この歴史を生きてきた人びとの立場からみれば、管理者の制度と意図のなかで、あるいは

> これをこえて生きてきたものの生き方とその意図の歴史である。本書は、社会史と心性史というかたちで現われてきたこの匿名の教育史のための弁明書である（中内1992:2）。

教育を子どもの「ひとりだち」をうながすための意図的、計画的介入とし、その歴史を国家の側から描くならば、中内の指摘するように、教育史は当然のことながら国家の意図、計画の歴史となるだろう。それゆえ、国家の側から教育史を描くことは、教育史全体のごく一部を明らかにしたにすぎないことになる。いうまでもなく、人びとは、国家の意図や計画のとおりに子どもを教育してきたわけではない。子どもの「ひとりだち」をうながす行為は、世代の再生産として、近代国家の成立以前から人類の誕生とともに世界各地においてなされていたのであり、近代国家の成立以後も時代とともに変遷しながら受け継がれてきた人類に普遍的な万人の営みである。その普遍的な営みは、地域や時代、民族や階層、性別や宗教などさまざまな条件に制約されながら、家族や共同体などの地域のなかで培われてきた。そして、そうした営みに、近代国家の成立とともに国家が介入しはじめ、その影響が時代とともに拡大していったのである。

世界の広い地域において、学校教育が義務化され国民すべてに初等教育が強制されるなか、さまざまな問題をかかえつつ、そして普及の緩急に大きな差をともないながら学校教育が普及していった。国家は、みずからが望む「国民」を育成するために必要と考える知識や技術、生活習慣などを決定し、それらを学校をつうじて伝達しようと試みる。とはいえ、国家が意図し計画した教育が、それまでに家族や共同体などの地域がもっていた子どもの「ひとりだち」のための営為と一致するということは限定的にはあったにせよ、両者には多くの部分で大きな隔たりがあったであろう。さらに、場合によっては両者が鋭く対立することもあったはずであり、そのあいだにはなんらかの緊張関係が生じていたといえるだろう。本書が対象とするメキシコにおいても、学校教育が普及していなかった農村地域に、国家主導の学校教育が導入される過程でさまざまな問題が引き起こされてきたことは、本書のとくに第3部において詳しく論じることになろう。
本研究は、教育社会史研究が有している問題意識から大きな示唆を得て、20世紀前半からなかばごろにかけてのメキシコを対象とし、国家が学校教育にどのような役割を求めたのか、また、国家と住民あるいは共同体とのあいだにある緊張関係のなかで、学校教育がいかなる機能をはたしていたのかという点について、国家と共同体のはざまに立たされた教師に注目して検討しようとするものである。19世紀はじめ、スペインから独立したメキシコにおいては、その後、フランスやイギリス、アメリカ合州国などの欧米列強の脅威にさらされるなか、強力な近代国家の建設に向けて公教育制度の整備に一定の関心がよせられてきた。19世後半からは、国家主導による初等教育普及のための政策が進められるようになり、1910年の革命をへて20世紀前半には、メキシコ全国に学校教育が急速に普及していった。とりわけ、教育の普及が進んでいなかった農村地域においては、学校教育の拡大が積極的にはかられた。本研究の課題は、農村地域における教育が制度化されて普及していく20世紀前半からなかばごろにかけての時代に焦点をあて、国家の意図や制度の歴史を考察したうえで、そうした制度や意図のもと、農村地域に住む人びとがどのようにそれを生きたのか、人びとによって生きられた歴史の一端を明らかにすることにある。
教育制度の社会史研究をめざす木村は、この「生きられた」という表現について、以下のように述べる。

> 「生きられる」という言い方は、社会の中にひとが存在する場合の主体的側面での「生きる」と客体としての側面の「生かされる」という二側面の媒介性をあらわす表現である。いうまでもなく、ひとが社会に存在するということは現実的にはその両側面を含み持っていることが前提であるが、あえてこのように表すのは、両者が相互規定的、さらに、契機的に働いていて、制度に拘束されながら制度を利用するという点に注目しているからである(木村 2012:9)。

本書においても、メキシコの農村地域において、学校教育の「制度に拘束されながら制度を利用する」人びとの姿を浮かび上がらせることをめざす。そこでまず、メキシコにおける学校教育の制度化の前提として、20世紀に入って学校教育が急速に拡大していく歴史的背景を簡単に確認しておきたい。

## 2. メキシコにおける学校教育普及の歴史的背景

メキシコは、1810年に勃発した武装蜂起にはじまる独立戦争を経験したのち、1821年にスペインからの独立を達成する。しかし、その後は繰り返される権力争いによって政権交代が相次ぎ、国内の安定にはほど遠い状況にあった。また、テキサスの所属問題に端を発するアメリカ合州国との国境紛争は、同国との戦争（メキシコ・アメリカ戦争または米墨戦争1846-1848）へといたり、それに敗北したメキシコは、領土の半分をアメリカ合州国へ割譲することとなった。1857年になると、現行の憲法の基本となる自由主義的な憲法が制定されるが、翌年、それに反対する保守派の勢力と自由派の対立からいわゆる「レフォルマ（Reforma 改革）戦争」（1858-1861）が勃発し、3年にわたって内戦状態となった。さらに1861年、レフォルマ戦争に勝利した自由派のベニート・フアレス（Benito Juárez 1806-1872）政権が対外債務の支払い延期を宣言したことを口実に、イギリス、フランス、スペインがメキシコに干渉し、1864年から1867年までメキシコはフランスの占領下におかれる。

こうした国内の混乱を収拾したのが、フランスとの闘いに功績のあったポルフィリオ・ディアス（Porfirio Díaz 1830-1915）であった。1876年に暫定大統領に就任したディアスは、その後、独裁体制を確立すると、外資を積極的に導入し、農業の近代化、鉄道建設、鉱山開発などを進めた。その結果、産業の発展、貿易の拡大などによって、19世紀の末にはメキシコの国家財政は黒字へと転換した。こうしたメキシコの「政治的安定」、「経済的発展」をもたらした近代化政策を推進してディアス政権を支えたのが、「シエンティフィコス（científicos 科学主義者たち）」と呼ばれたエリート集団であった。彼らは、当時ラテンアメリカにおいて流行していたオーギュスト・コント（Auguste Comte）の実証主義やハーバート・スペンサー（Herbert Spencer）の社会進化論などに強い影響を受け、「秩序と進歩（Orden y progreso）」というスローガンのもと、西欧科学や西欧思想に依拠したメキシコの近代化を推進した。すなわち、シエンティフィコスに支えられたディアスの独裁体制は、ディアス自身がパリを模倣したメキシコ・シティの改造を試みたことに象徴されるように、つねに「西欧」をモデルとした国家建設をめざしていた。

20世紀に入ると、長引く独裁体制にたいする批判が高まるようになり、ディアスの大統領再選に反対する勢力が拡大していく。そして、1910年、フランシスコ・マデーロ（Francisco I. Madero 1873-1913）による蜂起の呼びかけに応じたさまざまな勢力が武装蜂起しメキシコ革命が勃発すると、翌年、ディアス政権が崩壊する。その後は、権力をめぐって多くの革命勢力が武力による闘争を繰り広げる内乱状態が続くことになる。1917年、ベヌスティアーノ・カランサ（Venustiano Carranza 1859-1920）政権下で憲法が制定され、1920年にアルバロ・オブレゴン（Álvaro Obregón 1880-1928）が大統領に就任すると、メキシコは革命期の混乱から国家の再建へと向かう第一歩をふみだした。そして、ディアス政権がめざしていた「西欧」をモデルとした国家づくりは、革命によるディアス政権崩壊後も革命政権によって引き継がれることになる。とくに、1920年代以降、強力に推進される農村地域における教育の普及は、農地改革とならんで革命政権にとって重要な政策のひとつとなっていた。

メキシコは、現在においても60を越える先住民言語が存在する多民族、多文化国家である。20世紀前半のメキシコの支配層にとって、こうした多民族、多文化状況は、メキシコの経済的、社会的、文化的発展を妨げる阻害要因と考えられていた。人口の7割近くを擁する農村地域における学校教育は、スペイン語を解すこともなく、また読み書きもできない先住民系住民に、スペイン語を共通の言語とした「同質的な文化」を伝達し、農村地域の経済的、社会的、文化的発展をもたらす重要な政策と位置づけられた。そして、そうした農村地域の発展が、結果としてメキシコ全体の発展につながると考えられていたのである。

## 3. 先行研究と本書の課題

1920年代以降、急速に拡大していくメキシコの公教育にかんするこれまでの研究もまた、教育制度や理念、カリキュラムなどを明らかにする制度史研究が中心であった（Larroyo 1986、Llinás Álvarez 1978、Meneses Morales 1986, 1988、Monroy Huitrón 1985、Vázquez 1979など）。そして、その教育政策をめぐって、メキシコの近代教育の基盤をすえたとする評価がある一方で、識字や就学の状況から教育の普及はなかなか進まず多くの問題があったとする研究も多い。教育の普及を前提としたこうした研究は、農村教育がもっとも急速に拡大したこの時代の教育について、識字率や就学率、カリキュラムやその実施状況などから教育普及の成否を問い、教育の普及が十分に進まなかった原因を探るというものであった（Ruiz 1977など）。それにたいし、いわゆる教育の普及そのものの成否を問題にするのではなく、国家主導の農村教育が、農村地域に住む先住民の文化を無視した支配文化への一方的な同化・統合教育であるとして、国家による教育普及の試み自体を批判的に検討する研究も出されるようになる（Loyo Bravo 1996, 1999など）[3)]。

本書のなかでみるように、当時のメキシコの教育家の多くは、先住民文化の価値を認めようとしつつも、それを「西欧文化」の流れを受け継ぐメキシコ都市部に住む白人層の文化よりも「遅れた」ものと措定した。そして、先住民社会の「遅れ」がメキシコ全体の社会的、経済的、文化的発展の遅れの原因のひとつであるとし、その「遅れ」の克服を唱えてきた。それは、先住民言語の多様性を国家統一の障害とし、スペイン語を強制したことに端的にあらわれている。こうしたことから、1920年代以降に拡大する農村教育を、国家に服従する国民の育成をめざした心身の管理、統制のための支配装置として批判的に検討する研究は重要な意義をもっているといえよう。その一方で、この時代のメキシコにおける実際の教育普及のありかたをみると、学校教育の対象とされた住民は、ときには積極的に学校設置を要求するとともに学校における教育活動を担い、また逆に、暴力的なまでに学校や教師を拒絶したのであり、こうした住民のさまざまな対応が国家の教育政策や活動に大きな影響を与えていたことがわかる。この点を考慮するならば、教育の普及を国家による先住民の一方的な支配、統合とみなす視点からだけではなく、学校をめぐる住民の対応に着目して、この時代のメキシコにおける教育構造を検討することが重要となるであろう[4)]。

メキシコ教育史研究においても、前述したようないわゆる社会史研究の影響を受け、1980年代から、国家の教育政策にたいする住民のさまざまな対応について、農村地域におけるフィールド・ワークによる聞き取りや文書資料の調査にもとづき、地域を限定したミクロな視点からの研究が蓄積されてきた[5)]。こうした研究の代表的研究者のひとりであるロックウェルは、トラスカラ州を中心とした農村学校の歴史を「流用（appropriation）」という概念を用いて分析する。すなわち、国家と住民が、みずからの利益や権力を求めて、それぞれの立場からさまざまな文化的資源を相互に流用しあう場として農村教育の歴史を読み解こうと試みた。そして、農村学校を「地域の市民社会の枠組みが強化されるあらたな空間」（Rockwell 1994:171）として描いた。また、ロックウェルとともに、20世紀前半のメキシコ教育史をミクロなレベルにおいて分析するヴォーンは、教育をめぐって繰り広げられる国家と住民とのさまざまなかけひきの歴史を「交渉（negotiation）」という概念を用いて検討し、農村学校を「権力、文化、知、諸権利をめぐる激しい、そしてしばしば暴力的な交渉の場」（Vaughan 1997:7）としてとらえた。

一方、日本におけるメキシコ教育史研究、あるいはラテンアメリカの教育史研究は、欧米アジア諸国を対象とした教育史研究と比較して、その数はきわめて少ない。その先駆的な研究として、「世界教育史大系」（講談社）の一部として刊行された皆川卓三『ラテンアメリカ教育史』全2巻（1975年、1976年）があり、そのなかでメキシコの教育が論じられている。この研究は、海外の研究に依拠した概説的な制度史研究であり、本格的なメキシコ教育研究としては、米村の『メキシコの教育発展—近代化への挑戦と苦悩』（1986年）までまたなければならなかった。米村は、メキシコにおけるフィールド・ワークをおこないながら同国の教育にかんする多くの論考を発表しているが、歴史研究ではなく社会経済学の枠組みから現在のメキシコにおける教育問題をとらえようとする。そして、その問題関心の中心は、「教育発展」というタイトルが示唆しているように、教育水準と労働力という観点から、「教育を受けた人々が、基本的には労働力というかたちで社会経済構造に組み込まれるというロジックを前提として」（米村 1986:222）、教育の役割を検討するところにある。また、近年、19世紀後半から20世紀前半の公教育にかかわって、松久の『メキシコ近代公教育におけるジェンダー・ポリティクス』（2012年）が出されたが、この研究は、同時代の「公教育を通じたジェンダー規範の再編過程」（松久 2012:17）の考察をおもな目的としている。いずれの研究も、メキシコの教育に焦点をあてているという点において本書の研究課題と重なりつつも、学校をめぐる国家と住民との関係の歴史を明らかにしようとする本研究とは問題意識を異にする。

本研究は、ロックウェルやヴォーンらの詳細な地域史研究に多くを学びつつ、農村教育をめぐる住民の生きられた歴史、すなわち「制度に拘束されながら制度を利用する」人びとの歴史を明らかにすることを中心的な課題のひとつとする。しかしながらそれは、国家の意図や計画の歴史を検討することの重要性を軽視するものではない。20世紀前半、学校教育が普及していない地域において「学校」が設置され、国家の末端要員である教師が派遣されることによって、当該地域においては、子どもにたいする教育に変化をもたらす契機が生まれた。またそれは、子どもの教育にとどまることなく、住民の生活全般にたいして、あらたな権力関係や価値観をもちこみ、家族や地域が保持してきたそれまでの秩序に変容をもたらす可能性をも秘めていた。国家の意図や計画を批判的に考察することは、社会に変化をもたらすあらたな権力関係や価値観を明らかにし、さらにそこにひそむ問題性をも浮かび上がらせることになるだろう。こうした国家の意図や計画の批判的検討をふまえたうえで、あらたな権力関係や価値観の流入による社会の変化にたいして住民が実際にどのように対応したのか、その全体を視野に入れた教育構造の解明が重要となるのではないだろうか[6)]。

こうした問題意識にもとづき、本書においては三つの課題を設定する。第一は、メキシコにおける農村教育政策が構想される前提として、当時の農村教育政策を策定し実施する立場にあった国家指導層の国家形成にかかわる思想を検討し、そこにどのような問題があったのかを明らかにする。そのさい、国家指導層が、西欧の科学や学問にもとづく近代化を進めるディアス体制を批判し、メキシコ独自のナショナリズムを追求しようと試みるなかで注目した「混血論」に焦点をあてる。第二に、そうした思想にもとづき、農村地域における教育として、具体的にどのような制度がつくられ、そしてどのような活動やカリキュラムが計画されたのか、国家の意図と計画を明らかにするとともにその意味を考察する。そして最後に、国家によって構想された公教育を、農村地域の住民や、実際の教育現場において教育活動にかかわった農村教師がどのように生きたのか、その生きられた歴史を明らかにしたい。

## 4. 本書の構成

本書は3部からなり、その構成は以下のとおりである。

第1部では、20世紀前半の農村教育政策に重要な役割をはたした国家指導者3名を取り上げ、彼らが当時のメキシコ社会および先住民社会をどのように認識していたのか論じたうえで、それぞれの「混血」思想を検討する。スペインによる征服以前に高度な先住民文明が成立していたメキシコでは、「メスティーソ（mestizo 混血）」[7)]の問題は、当時の国家指導層にとって、メキシコのアイデンティティをめぐる議論において非常に微妙な位置を占めていた。

メキシコの詩人で評論家そして外交官でもあったオクタビオ・パス（Octavio Paz）は、1521年にアステカ帝国を滅ぼしたエルナン・コルテス（Hernán Cortés 1485-1547）と彼の通訳兼愛人であった先住民女性マリンチェ（Malinche 1501?-1528?）に言及し、両者をたんなる歴史的な人物であるだけではなく、メキシコ人の「葛藤のシンボル」であるとしたうえで、その葛藤をいまだに克服していないと述べた（Paz 1992:78/87）。すなわち、「征服者」コルテスと彼に協力した「裏切り者」マリンチェのあいだに生まれ、そして多数派となった「私生児」としてのメスティーソを、メキシコのアイデンティティのなかでどのように位置づけるかといった問題がこれまで繰り返し論じられ、そしてその問題が解決していないというのである。一方、今日メキシコだけではなく、アメリカ大陸の守護聖母とされている「グアダルーペの聖母」は、「スペイン」と「インディオ」との融合のシンボルとなり、「私生児」たるメスティーソの「葛藤」を癒す「母」としてまつりあげられる。メキシコを代表する作家のひとりであるカルロス・フエンテス（Carlos Fuentes）が述べるように、「グアダルーペの聖母は請け戻されたマリンチェ」（Fuentes 1972:127/181）だったのである。マリンチェとグアダルーペに象徴されるメスティーソの「両義性」は、19世紀後半から20世紀前半におけるメキシコのナショナリズムの高揚期において、「人種」をめぐる議論のなかで問題となってくる。

この時代の「人種」をめぐる議論は、白人を頂点とし混血を人種の「退行」とする差別的な人種主義としてメキシコにもちこまれる。「混血論」は、そうした西欧中心主義に対抗するためのメキシコの独自の原理として登場してくる。第1章においては、その「混血論」の代表的論者のひとりであるホセ・バスコンセロス（José Vasconcelos 1882-1959）の混血思想の形成過程を明らかにする。バスコンセロスは、1910年にはじまる革命に参加し、1921年にオブレゴン政権下で再建された公教育省（Secretaría de Educación Pública）の初代大臣としてメキシコ公教育の基礎を築いた教育家であった。また彼は、1925年に上梓した『宇宙的人種（La raza cósmica)』のなかで、ラテンアメリカにおいて混血がさらに進むことによって、白人をしのぐあらたな人種「宇宙的人種」が同地において誕生すると予言した特異な思想家としても知られている。第2章では、テオティワカン（Teotihuacan）などのメキシコの遺跡の発掘調査などで知られる考古学者であり人類学者であるマヌエル・ガミオ（Manuel Gamio 1883-1960）の「インディオ」認識およびナショナリズムの思想を検討する。そして、第3章においては、バスコンセロスのあとを引き継ぎ、農村教育の制度化を進めたモイセス・サエンス（Moisés Sáenz 1888-1941）の思想と教育実践に焦点をあてる。

バスコンセロスは、メキシコにおけるスペイン文化の影響を重視し、先住民文化のもつ価値を高く評価することはなかった。一方、ガミオとサエンスは、先住民の権利や価値の復権とその擁護を主張するいわゆる「インディヘニスモ（indigenismo）」[8)]の潮流に属する。一見すると相対する立場にあるようにみえるバスコンセロスとガミオ、サエンスであるが、その思想をみるならば「混血」の推進によるメキシコの発展という意味において同じような議論を展開する。第1部では、20世紀前半における農村教育普及に重要な役割をはたしたこの3名の思想や実践を検討することをつうじて、当時の農村教育拡大の背景に潜む思想的な問題を明らかにしたい。

第2部では、第1部において明らかにした思想を背景として、いかなる教育政策がつくられたのかを具体的に検討したうえで、それがもつ意味を探る。メキシコにおいては、独立当初から教育を担っていたのはカトリック教会やランカスター協会（Compañía Lancasteriana）などの宗教団体、民間団体であり、公教育はおもに州政府などの地方自治体が担っていた。19世紀後半、ディアスの時代になると連邦政府が全国の教育権を掌握し、それをつうじて地方にたいする国家の介入を強めようとする試みがはじまる。第4章においては、連邦政府が全国の教育を統括しようとする「教育の連邦化」の試みに焦点をあて、ディアス時代にはじまり、革命という社会の変動期から国家の再建期にかけてそれが引き継がれていく過程を明らかにし、その意味を考察する。そして、第5章においては、連邦政府が全国の農村地域に学校を拡大していくなかで、都市部の教育とは異なる農村地域に適した独自の教育として「農村教育（educación rural）」と呼ばれる教育政策をつくりあげ、それを担う「農村教師（maestro rural）」と呼ばれる教員を養成しようとしたことに着目し、農村教師養成の歴史とその意味を検討する。それをふまえて第6章では、「農村教育」の具体的な教育内容やその実践について明らかにし、その意味と問題点について論じる。

第3部においては、第1部および第2部で明らかにした思想と制度にもとづく教育政策を農村地域において実行に移す作業に携わった農村教師と、教育を受ける側の住民とに焦点をあてて、彼らが国家の意図や計画をどのように生きたのかを明らかにする。さきにも述べたように、国家指導層が教育によって育成しようとする国民像や連邦政府による具体的な教育政策は、それがそのまま教育にかかわる教師や住民によって忠実に受け入れられ実践されることはまれであろう。実際の教育現場において、共同体のなかで異なる立場にある人びとは、みずからの利害や権力をはかりながらそれぞれが教育にたいして異なる対応をするであろうし、教師のかかわりかたも教師の資質や意識、また共同体の状況によって大きくかわってくるであろう。それゆえに、国家の意図や政策が全国統一であっても、それがどのように実施されたのか、あるいはされなかったのか、その教育の実態は地域や時代によって大きく異なっている。第3部では、こうしたさまざまな住民や農村教師によって生きられた教育の歴史について検討したい。

第7章においては、国家による教育を現場で実際に担う教師が、どのようにして教師となり、そして住民と直接接触するなかでどのような立場におかれ、そしてどのような問題に直面したのかを明らかにする。第8章では、そうした共同体のなかで直面する問題にたいして教師がいかなる「戦略」をもってそれを乗り越えようとしたのか、その具体的な対応について何名かの教師を取り上げて検討する。最後に、第9章において、住民がどのように学校や教師を受け入れ、そしてみずからの要求をつきつけたのか、教師を介した国家と住民との関係を考察し、学校教育をめぐる国家と住民とのかけひきの様相を明らかにしたい。

**注**

1) 人間の発達文化の比較研究をめざす関は、「ひとりだち」を、「この世に生まれ、育ち、働き、産み、育て、老いるという過程において自己を表出していくこと、自分の生き方を決め、社会的に実現していくことであり、すべての人に同等の、人間としてのありよう」と定義する。そして、「自立」という用語ではなく「ひとりだち」という単語を用いる理由を、「概念のヨーロッパ中心主義的なニュアンスを回避するためであり、また特定の民族に独特の意味合いを含む用語を避けた結果である」とする（関 2012:34-35）。本書においても、人間が社会のなかで生きていく力をつけていく過程には、時代や地域、民族や階層などによってさまざまなかたちがあることをふまえて、「ひとりだち」という語を使用する。ただし、「ひとりだち」という概念は、社会のなかで誰の支援も受けずにひとりで生きるという意味ではなく、多様な人間関係を築くなかで相互に影響を与えながらそのなかで他者とともに生きるという意味合いをもつ。

2) 帝政期ロシアにおける教育を社会文化史的視点から分析する橋本は、「教育社会史」という研究領域についてつぎのように総括する。

> 周知のとおり、ここ数十年来の欧米の歴史学におけるいわゆる社会史・文化史研究の興隆は、教育史分野にも多大の影響を及ぼして、従来の規範的な思想史研究や制度史研究の枠からこれを解き放ち、社会や国家のあり方との相互作用的連関のなかで学校と教育の歴史像の構築をめざす、構造史的あるいは機能論的な教育社会史という新たな潮流を生むこととなった（橋本 2010:1）。

3) 20世紀前半のメキシコ教育史を多面的に検討するローヨ＝ブラーボは、当時の教育政策がもっていた問題点をつぎのように指摘する。

> この（メキシコの教育の）歴史には、痛ましい歴史もまたちりばめられている。エスニック集団を同化するための熱意の歴史である。それは、疑いもなく善意あるものではあるが、しかしとても高い代償を払うものであった（Loyo Bravo 1999:XIV）。

また同じくローヨ＝ブラーボは、先住民を同化させるための実験学校として設置された「先住民学生の家（Casa de Estudiante Indígena）」にかんする論考においても、その学校でおこなわれた教育実践や先住民にたいする調査を、先住民に向けられた教育の陰の部分であるとしている（Loyo Bravo

1996）。

4) 日本における教育言説を歴史的に検証する広田は、家族と学校の関係についてつぎのように述べる。

> （……）そもそも家族と学校は足並みが揃わないのがむしろ常態ではないだろうか。家族は家族で独自の人間形成モデルを持ち（それは階層や職業によって異なる）、学校に対して要求をつきつけたり、学校や教師からの指示・要望を甘受したり無視・反発したりする。学校は学校で、独自の利害やイデオロギーにもとづいて、地域や家族に介入を企てたり、彼らからの要求を聞き入れたり、無視したりする（広田2001:246、かっこ内広田）。

さらに広田は、「（……）子供の人間形成や生活の仕方に関して望ましいあり方を提示し、それを実践させる、有形・無形の影響力をだれが掌握していたのか」という点を「教育における『文化的ヘゲモニー』」と呼び、そのヘゲモニーをめぐるかけひきの歴史として家族と学校との関係を明らかにしようと試みた（広田 2001:247）。本研究では、こうした枠組みを国家と共同体との関係に置き換えて、メキシコにおいて両者が学校という場をめぐって、どのような関係にあり、そしてどのようなかけひきを繰り広げたのかを明らかにしたい。

5) たとえば、Acevedo Rodrigo 2001, 2004、Civera Cerecedo 1997, 2008、Martínez Moctezuma y Padilla Arroyo (coords.) 2006、Mercado Ruth 1992, 1999、Rockwell 1994, 2007、Rockwell (coord.) 1999、Vaughan 1982, 1997などがある。

6) 中内は、教育の社会史の枠組みから明らかにされる公教育史について、以下のように述べる。

> 公教育史は、実証主義者の明らかにしてきた国家による期待される教育像とともに、（……）公教育に参加、拒否、保留等々さまざまの態度をとりながらこれに臨んできた国民諸階層の、公教育を生きた教育史としてもえがかなければ、その全体をとらえきれない（……）（中内1992:152）。

本研究は、教育をめぐる国家の意図や計画、すなわち教育の思想史および制度史とともに、それを生きた人びとの教育史として描くことで、メキシコの教育構造の一端を明らかにしようとするものである。

7) 「メスティーソ」とは、本来、白人とアメリカ大陸先住民の混血をさす呼称であるが、ここでは混血全般を包含する。

8) スペインによるアメリカ大陸征服以後、先住民は「インディオ（indio）」と呼ばれてきた。それは、1492年、現在のアジアに向けてスペインから西に航路をとったコロンブス（クリストーバル・コロン Cristóbal Colón 1451?-1506）一行が、当時「インディアス（indias）」と呼ばれていた現在のアジアに到達したと信じ込んだことに由来する。コロンブスが到達するまでアメリカ大陸には、意思疎通の不可能な多数の言語が存在し、さまざまな民族がアステカ帝国やインカ帝国に代表される高度な文明を数多く築いてきた。しかし、ヨーロッパの人びとは、そうした多様性を無視し、アメリカ大陸先住民を「インディオ」と一括して呼び、白人よりも劣る人種として位置づけた。20世紀はじめごろからは、それを差別的であるとして、「インディオ」のかわりに「先住民」を意味する「インディヘナ（indígena）」という呼称が使われるようになる。「インディヘニスモ」とは、「インディヘナ」に由来するもので、先住民を劣等人種とし、その文化を白人文化に比べて劣ったものとする西欧中心の人種主義を批判し、先住民の権利やその文化のもつ価値を承認し、その復権や擁護を求める政治的、社会的、文化的潮流をいう。とりわけ、メキシコやペルーなど先住民人口の多い地域において、20世紀はじめに起こってきたこのような潮流をさすことが多い。「インディヘニスモ」は、先住民主義、先住民擁護運動などと訳されることもあるが、先住民をめぐる多様な潮流をさしていることからカタカナで表記されることも多く、本書においてもカタカナで表記する。

第１部

# メキシコにおける「混血化」の思想

PRIMERA PARTE

## *Pensamiento sobre el "mestizaje" en México*

扉画像上：トラテロルコ三文化広場（Plaza de las Tres Culturas, Tlatelolco）に建つ石碑（メキシコ・シティ）。

この広場には、先スペイン期の遺跡のうえにスペイン植民地時代の教会があり、その周囲を20世紀に建設された高層アパートやビルが取り囲む（扉画像下。ともに筆者撮影）。

石碑には以下のように刻まれている。

1521年8月13日
クアウテモクによって勇敢にも守られてきた
トラテロルコはエルナン・コルテスの手に落ちた

それは勝利でもなければ敗北でもなかった
それはメスティーソ民族の痛ましい誕生であった
それが今日のメキシコである

# 第1章　ホセ・バスコンセロスの「混血」思想の形成過程

## はじめに

19世紀後半から20世紀にかけては、欧米帝国主義諸国の台頭からふたつの世界大戦へと向かうなかで、ヨーロッパを志向していたメキシコの知識人が、メキシコあるいはラテンアメリカに目を向けはじめた時代であった。メキシコ国内においては、ディアス独裁政権が確立し「経済発展」がもたらされる一方で、その恩恵に浴することのなかった先住民による反乱や労働争議が多発する。さらに、長期独裁政権を批判してディアスの大統領再選に反対する勢力が拡大し、やがて革命へと向かう「混乱」の時代でもあった。こうした時代のなか、メキシコあるいはラテンアメリカ独自の「価値」の創出による社会の安定化＝秩序化が模索されはじめる。そうした思想的営為のひとつが、バスコンセロスの「混血化（mestizaje）」論＝「宇宙的人種」論である[1)]。

ここでいう「混血化」とは、生物学的な意味においてだけではなく、文化的な意味においても使われる。しかし、「混血文化」あるいは「メスティーソ文化」というとき、それが意味しているところは非常にあいまいであり、「混血文化」なるものがあるひとつの実体をもったものとして存在しているととらえることはできない[2)]。むしろ、メキシコやラテンアメリカをめぐって語られる「混血文化」とは、同地域の知識人が、欧米帝国主義列強の脅威や国内の政治的、社会的混乱に直面し、それまで「西欧科学」のなかで否定的にとらえられてきた「混血」を逆に肯定的なものとしてとらえ直し、メキシコのアイデンティティのよりどころとしてつくりあげてきたひとつの言説であるといえるだろう[3)]。

こうした混血言説は、20世紀前半のメキシコにおいて、同質的文化による国民統合を進めようとする国家の教育理念や政策にたいして大きな影響を与えてきた。メキシコを代表する混血論者であったバスコンセロスが、1921年に再建された公教育省の初代大臣に就任したことはそれを象徴的に示しているだろう。それゆえ、メキシコにおける「混血」論がどのようなものであり、どのような過程で形成されたのか、そしてそこにはどのような問題がはらまれているのかを検討することは、メキシコの教育史を論じるうえで重要な作業となる。こうした問題を考える手がかりとして、まず本章では、メキシコのみならずラテンアメリカにも多大な影響を与えたバスコンセロスの思想に注目したい[4)]。

バスコンセロスは、1882年オアハカ（Oaxaca）に生まれ、ディアス独裁政権下において育った。税関の官吏をしていた父親の仕事の関係で、幼少のころから小学生および中学生までメキシコ国内のいくつかの町を転々としたのち、国立予科学校（Escuela Nacional Preparatoria）から法学校に学び、弁護士資格を得る。その後、弁護士としてアメリカ合州国とメキシコとの企業間の契約などにかかわる仕事に従事するが、1910年に勃発した革命の理念に賛同し、革命運動に身を投じる。革命勃発後の10年間の内乱状態をへて1920年に国内が落ち着きをみせはじめると、同年、バスコンセロスは、メキシコ大学学長、翌年には公教育大臣に就任する。のちに、「メキシコ近代教育の創始者」（Paz 1992:136/160）と呼ばれるようになったバスコンセロスの実質的な教育普及の活動は、ここからはじまるのである。

## 1. 西欧中心主義批判としての「混血」論

幼少期から少年期にかけてメキシコの地方都市で過ごしたバスコンセロ

スの体験は、その後の思想形成に大きな影響を与えたと考えられるが、その検討はのちの節にゆずり、本節においてはまず、国立予科学校と法学校において受けた教育にたいする彼の批判をつうじて、彼が西欧思想をどのように受容していたのかをみることにしたい。

国立予科学校は、ベニート・フアレスの命を受けたガビーノ・バレーダ（Gabino Barreda 1818-1881）を中心とする集団によって、1867年に設立された。バレーダは医者であったが、コントのもとで学んだのち、メキシコに実証主義哲学を導入し教育改革に尽力した。19世紀後半のメキシコでは、この実証主義やスペンサーの社会進化論などを信奉するシエンティフィコスと呼ばれたテクノクラート集団がディアス政権を支えていた。こうした状況のなかでバスコンセロスは、科学万能を奉じた実証主義にもとづく教育をおこなう国立予科学校の授業に影響を受け、アレクサンダー・フォン・フンボルト（Alexander von Humboldt）のアメリカ大陸にかんする著作やジャン＝ジャック・エリゼ＝ルクリュ（Jean-Jacques Élisée Reclus）の『人間と大地（L' Homme et La Terre）』などを読んでいる。そして、アメリカ大陸における人種の共生にかんする彼らの考えが、のちにバスコンセロスが発表するこの主題にかんする著作の発端になったと述べている（Vasconcelos 1935a:147-148）。

しかしながら、実験によって証明されないものは科学的に価値がないということを前提としていた当時の国立予科学校の授業にたいし、バスコンセロスは不満を抱いていた。彼の興味は、科学的知識の獲得それ自体にあるのではなく、「あらゆる科学の部分的結論を、コスモス（Cosmos）の一貫した視点を構築するために蓄積すること」（Vasconcelos 1935a:173）、つまり「宇宙」あるいは「世界」の全体を把握するための基礎としての「科学」にあったのである。当時のバスコンセロスは、都会のエリート校において最先端の学問を学んでいるという自負心をもちつつ科学万能の実証主義に強く影響されながらも、それを全面的に受け入れていたわけではなかった。彼自身が述べるところによると、「知らず知らずのうちに、反科学主義を貫いていた」（Vasconcelos 1935a:148）ということになる。法学校進学後も授業にはあまり興味を示さなかったバスコンセロスは、古代ギリシャの古典やダンテ、トルストイ、ショウペンハウア、ベルクソン、ニーチェなどの著作を読み、のちの「青年文芸協会（Ateneo de la Juventud 以下、アテネオと略す）」の中心的メンバーとなるアントニオ・カソ（Antonio Caso 1883-1946）などの友人たちと交流するなかで学んでいった。

パスが「孤独と窒息」（Paz 1992:121/141）と呼んだような19世紀末のメキシコの閉塞的な思想状況のなかで育ったバスコンセロスは、当時のラテンアメリカに大きな影響を与えていた自由主義、実証主義、社会進化論といったヨーロッパの思想や学問を無批判にメキシコへ導入しようとする傾向に強い不満を抱いていた。とりわけ、ディアス政権を思想的、学問的に支えていたとされる実証主義や社会進化論にたいして批判を強め、1910年に開かれたアテネオの講演会における「ガビーノ・バレーダと現代思想（Don Gabino Barreda y las ideas contemporáneas）」と題する講演のなかで、バスコンセロスは18歳という若さで実証主義との決別を宣言するにいたった。

> コントやスペンサーの実証主義は、われわれの渇望を満たすことはまったくできなかったのである（Vasconcelos 1958a:55）。

なかでもバスコンセロスがもっとも批判的であったのが、白人中心主義的な人種論であった。彼は、白人優位を唱える外国の思想や学問をそのままラテンアメリカに導入することは、結局、混血の進んでいるとされている同地域の「劣等性」を認めることにつながるとして、つぎのように指摘する。

> われわれは、敵によってつくられた哲学の屈辱的な影響下で教育を受けてきた（……）。そのため、われわれ自身が、メスティーソの劣等性、インディオの救いようのなさ、黒人の罪深さ、東洋人の償いようのない頽廃を信じるようになった（Vasconcelos 1990:45）。

バスコンセロスのいう「敵のつくった哲学」とは、チャールズ・ダーウィン（Charles Darwin）やスペンサーなどの思想に依拠した「科学的」な人種論がそのひとつであることは明らかである。こうして、当時のヨーロッパの思想や学問に内包されている白人中心主義にもとづく人種差別的な視点を批判した彼は、外国の思想や学問をそのままラテンアメリカに導入するのではなく、独自の「科学」を構築しようと主張する。混血人種や有色人種の劣等性にふれたさきの指摘に続けてバスコンセロスは、あらたな歴史をつくりあげるためにラテンアメリカ独自の哲学を構築する必要性があるとして、つぎのようにたからかに訴えた。

> 歴史のあらたな局面がはじまったいま、われわれのイデオロギーを再構築し、あらたな民族の原理にしたがって、われわれの大陸すべての生命を組織することが必要である。そこで、われわれ独自の生、われわれ独自の科学をつくることからはじめよう（Vasconcelos 1990:45-46）。

そして、「ラテンアメリカ独自の科学」をつくるためには、まずその「現実」をみすえることが重要であると主張する。彼にとってラテンアメリカの「現実」とは、いうまでもなく「新大陸発見」にはじまり、その後400年あまりも続いてきた「混血」であり、その結果として誕生した多くの混血人種がアメリカ大陸に多く存在しているという事実であった。彼は、1916年、ペルーのリマにおいておこなわれた講演会のなかで、白人のヨーロッパをそのまま受け継いで発展してきた北米と「混血」が進んでいるラテンアメリカとを対比させつつ、ややためらいながら「混血」の将来性に期待をかけるというかたちでこの問題にふれている。そして、「歴史にはあともどりはなく、（……）いかなる人種ももどらない」（Vasconcelos 1990:25）とし、「混血」をもはや否定できない事実として受け入れ、さらに、「混血」を忌避すべきことではなくラテンアメリカそのもののかたちであると認めるにいたる。

> どちらか（インディオかスペインか）一方の気質にもどりたいと望むことは、偉業を強く否定することであり、生命に脅えることでもあるのだ（Vasconcelos 1957:60）。

さらに、1926年におこなわれたシカゴ大学における講演[5)]のなかでバスコンセロスは、人種の問題について、「われわれは、メスティーソがメキシコにおいて支配的な要素であるという事実から出発しなければならない」（Vasconcelos 1926a:89）と述べ、「混血」をラテンアメリカの「現実」とし、そこから出発しようと訴えた。そこには、欧米諸国とは異なるラテンアメリカ独自の原理を模索するなかで、欧米の思想や学問と対峙し、それを乗り越えようとしたバスコンセロスの強い思いがみてとれる。1925年に上梓された彼の代表作のひとつ『宇宙的人種』には、第二次世界大戦後にあらたに出された版においてつぎのような序文が付け加えられた。

> 世界のさまざまな人種は、存在するそれぞれの民族の選択によって生まれるあらたな人間のタイプを形成するまで、ますます混血していく傾向にあるということがこの本の主題である。科学の世界において、適者を救い弱者を滅ぼす自然選択というダーウィンの学説がはびこる時代にあって、はじめてこのような前兆が公にされたのである。ダーウィンの学説は、ゴビノーによって社会の領域にもちこまれ、そして、イギリス人によって擁護され、ナチズムによって常軌を逸するまでに押しつけられた理論のもととなったのである（Vasconcelos 1990:9）。

このようにバスコンセロスは、ヨーロッパから導入された思想や学問が支配的な時代にあって、それに真っ向から反対し、それまではややためらいがちにふれていたラテンアメリカの「混血」をより肯定的な人類の営みであると評価するようになった。この著作において彼は、「混血」というメキシコあるいはラテンアメリカの「現実」を、人種の「退行」とするのではなく、白人にとってかわって世界の将来を担うあらたな人種、すなわち「宇宙的人種」の誕生へと結びつけたのである。

しかしながらバスコンセロスは、この「宇宙的人種」の優秀性を「科学的」に証明しようと考えていたわけではなかった。むしろ、「混血化」の主張も「白人が優秀であるという主張と同様に恣意的で脆弱である」（Vasconcelos 1926b:XX）と述べるように、混血人種の優位という見解も白人の優位という見解もともに恣意的なものにすぎず、「科学的」根拠なるものにも懐疑的であった。彼にとって「科学」とは、「客観的」、「普遍的」なものとして存在しているのではなく、むしろ彼自身が明確に述べているように、西欧的な「知」にたいする「闘いの武器」（Vasconcelos 1926b:XX）だったのである。

## 2.「ラテン」と「アングロサクソン」

「混血」をラテンアメリカの「現実」ととらえ、それをふまえて「われわれの科学」をつくることからはじめようと宣言し『宇宙的人種』を上梓したバスコンセロスがとくに問題としたのは、「北の巨人」アメリカ合州国と、「内なる野蛮」と彼が呼ぶ「無知なる大衆」とりわけ「インディオ」[6]の存在であった。バスコンセロスが生まれた19世紀後半は、アメリカ合州国が著しい経済発展を遂げるとともに、ラテンアメリカへの影響力を強めていった時代であった。とりわけ、アメリカ合州国と国境を接するメキシコは、メキシコ・アメリカ戦争の敗北によって領土のほぼ半分をアメリカ合州国へ割譲するなど、「北の巨人」とは深いかかわりをもっていた。一方、メキシコ国内においては、カスタ戦争（Guerra de Castas 1847-1901）に代表されるように、先住民による反乱が多発した時代でもあった。こうした国内外の問題が、バスコンセロスの思想形成に大きな影響を与えていた。そこでまず、バスコンセロスがアメリカ合州国をどのようにみていたのか、彼のアメリカ合州国観を検討すると同時に、それをつうじて彼のラテンアメリカ観について明らかにしたい。

バスコンセロスは、幼くして生まれ故郷のオアハカを離れ、アメリカ合州国のアリゾナ州とメキシコのソノーラ州との国境に位置する村エル・ササベ（El Sásabe）に移り住んだ。しかし、この村での生活は長くは続かず、シウダー・フアレス（Ciudad Juárez）に一時滞在したあと、アメリカ合州国のテキサス州とメキシコのコアウイラ州との国境の町ピエドラス・ネグラス（Piedras Negras）に移り、小学校時代をこの国境の町で過ごした。彼の自叙伝である『クリオーリョのオデュッセウス（Ulises criollo）』[7]のなかで語られているように、この国境の町での体験が彼のアメリカ合州国観の形成に多大な影響を与えている。以下、この自叙伝を中心とした彼の記憶を手がかりに、上述の問題を考えてみたい。

バスコンセロス一家がエル・ササベを離れたのは、アメリカ合州国のある使節団によって退去させられたからであった。メキシコの連邦政府からも退去命令がくだり、エル・ササベの住民はみな転居を余儀なくされた。幼いバスコンセロスにはその理由が理解できるはずもなく、ただ静かにたばこをくゆらせながらメキシコ人の出発をまっているアメリカ合州国人の脅威と、自分たちの脆弱さだけは感じることができた。そして、このときの感情は、小学校時代を過ごしたピエドラス・ネグラスの町において決定的なものとなった。彼は、メキシコ側の町に適当な小学校がなかったため、国境を越えてアメリカ合州国側の町イーグル・パス（Eagle Pass）の小学校に通っていた。このときの体験が、その後、アメリカ合州国にたいしてときとして矛盾として映るようなバスコンセロスの憧憬と劣等感、そして反発心を生み出していったのである。

バスコンセロスの父親は、ピエドラス・ネグラスに移り住んだあとも、ふたたび税関官吏の職に就き、家族を養うのに十分な収入を得ていた（Vasconcelos 1935a:24）。また、ピエドラス・ネグラスの町自体も商工業が発展しつつあり、アメリカ合州国の商品を自由かつ安価に入手することができたため、バスコンセロスの生活は貧しいものではなかったようだ（Vasconcelos 1935a:27）。それでも、アメリカ合州国とメキシコの生活水準の格差は歴然としていた。

> 軍人の脅威にとらわれることのないイーグル・パスの隣人は、近代的で快適な家を建設していた。一方、ピエドラス・ネグラスのわれわれは、野蛮な生活を送っていた（Vasconcelos 1935a:27）。

> 愛国的祝祭やカーニバル、春の花の競い合いの様式や華麗さにおいて、われわれの優位性は明らかであった。しかし、イーグル・パスはだんだんと発展していった。ほとんど一夜にして4、5階建てのビルが建ち、道路が舗装された。一方、ピエドラス・ネグラスは、道路のゴミ捨て場や簡素な都市建築の廃墟のうえで、記念式やお祭り騒ぎに夢中になっていた（Vasconcelos 1935a:51）。

拡大していくメキシコとアメリカ合州国との社会的、経済的格差に加えて、さらに、メキシコ側には十分な学校が存在しないという「文化的」格差に、バスコンセロスはいらだちをつのらせていく。アメリカ合州国側の小学校に通うことを余儀なくされた彼は、この国境の町において両国の格差、「民族」の違い、自分のアイデンティティといった問題にめざめていく。

国境を流れる川リオ・グランデをはさんでのいさかいや、学校で友人らとともに遊んでいるなかで自然とあらわれるメキシコ人とアメリカ合州国人との分裂を肌で感じていたバスコンセロスには、国境の町における生活のなかで幼いながらに愛国心が芽生えていたという。さらに、「メキシコ人は半文明人だ」などという授業中に同級生から受ける差別にたいして大いに怒りを感じ、メキシコへの愛国心を強めていく一方で、アメリカ合州国への反発を深めていく。そして、小学生の彼は、地図をみながらメキシコ軍を指揮してメキシコ・アメリカ戦争の敗北によって失った土地を回復するという空想までしていた。しかしながら、彼が国境を行き来しながら現実に目のあたりにするのは、さきの引用からもわかるように、日に日に発展していくアメリカ合州国と、それにますます遅れをとるメキシコとの圧倒的な格差であった。こうした現実をまえにして、バスコンセロスのメキシコとアメリカ合州国にたいする評価は必然的に矛盾したものとなっていく。そして彼はのちに、古代まで歴史をさかのぼり、この両者の格差を「ラテン」と「アングロサクソン」の違いとして説明する文明史観を唱えるようになる[8)]。

1926年におこなわれたシカゴ大学での講演においてバスコンセロスは、アングロサクソンアメリカ、つまりアメリカ合州国とラテンアメリカとの精神構造の違いについて述べている。それによると、両者は、食住といった基本的な必要性においては共通するものの、欲望や快楽、いいかえるならばものの感じかたあるいは表現のしかたにおいては異なるという。その違いは、「アングロサクソン」がヨーロッパの「バルト海文明」から発展してきたのにたいして、「ラテン」が「地中海文明」を引き継いできたということに由来する。そして、精神的な相違をもつがゆえに共感や友情の念が生まれ、両者はアメリカ大陸においてより豊かな精神性を獲得する可能性を秘めていると主張した。ところがアメリカ合州国は、ラテンアメリカの経済的支配だけを考えているとバスコンセロスは非難したのである。

バスコンセロスは、この講演の前年に発表した『宇宙的人種』のなかでも同じようなことを述べている。

> イギリス人たちは白人だけで交わり続けて、土着のものを絶滅させた。そして、武力による征服よりも有効で、表面にはあらわれない経済的な闘いのなかで絶滅させ続けている。それは、彼らの限界を証明しており、彼らの頽廃の兆候である（Vasconcelos 1990:27）。

バスコンセロスによると、「新大陸」にわたってきた「アングロサクソン」は、先住民を追い払い黒人を奴隷とすることで、有色人種と混血することなく「順調に」発展してきた[9)]。さらに「アングロサクソン」は、ラテンアメリカにたいしてもさまざまなかたちで介入し、その影響力を保持しようとしている。しかし、有色人種を差別してきた白人が、引き続き白人による同質な社会を維持し続けることは、差別を温存するだけであってけっして人種問題を解決することができないというのがバスコンセロスの主張であった。彼は、「アングロサクソン」の歴史的な役割を高く評価し、そのもっとも発展した国家であると考えるアメリカ合州国を称賛しながらも、同時にその問題点と限界を指摘して強く非難していた。

一方、ラテンアメリカの「後進性」についての彼の解釈は、つぎのようなものであった。ラテンアメリカは、「ラテン文明」を受け継ぐスペインの支配下に入り、その初期のころから異人種間の融合がおこなわれてきた。そして、「形成時における茫洋たる血統のカオスのなかで苦しみ続けている」（Vasconcelos 1990:30）ため、異人種間の融合が少なかったアメリカ合州国よりも発展が遅れていると主張する。しかし、彼はさらに続けて、白人単一人種のアメリカ合州国の歴史的役割の終焉を予告し、さらなる「混血化」によって歴史上もっとも優秀な人種である「宇宙的人種」がラテンアメリカにおいて誕生すると期待をかけたのである。

バスコンセロスが少年のころに国境の町で感じたメキシコへの愛国心と、アメリカ合州国にたいする憧憬と劣等感は、「ラテン」と「アングロサクソン」の歴史的な対立というかたちでまずは表現された。そして、両者の最大の差異を人種の「混血」という点にみいだした彼は、ヨーロッパの白人文明がアメリカ大陸にもちこまれ、北のアメリカ合州国において白人どうしがさらに交わり続けることによって文明がますます発展する一方で、南のラテンアメリカにおいては、白人と有色人種との「混血」が一時の停滞をもたらしていると考えた。しかし、やがては白人単一人種の文明はその終焉を迎え、それにかわって地上のすべての人種の混淆からなるあらたな人種の誕生と、その人種によるさらなる文明の発展を予言したのである。すなわち、ラテンアメリカの未来に期待をつなぐことによって「北の巨人」に対抗し、欧米によってつくられ押しつけられたラテンアメリカの「劣等性」を克服するための原理を打ち立てようとしたのである。

## 3.「文明」と「野蛮」

「ラテン」と「アングロサクソン」という二項対立が、メキシコを取り巻く世界の歴史および現状についてのバスコンセロスの理解のありかただとするならば、メキシコ国内については、「文明」対「野蛮」というもうひとつの二項対立の図式が彼の思考を支配していた。一言でいうならば、彼にとって「野蛮」とは、メキシコに住む多くのインディオであり、また、文明の存在を知らない「無知なる大衆」であった。

さきに述べたように、バスコンセロスは、国境の村エル・ササベにおける幼少期の体験から自叙伝を書き起こした。もちろん彼の記憶がこのころからはじまるということであろうが、この書き出しは、メキシコ国内の歴史と現状を「文明」対「野蛮」という図式で読み解こうとする彼の思考様式を象徴的にあらわしているとともに、彼自身の生涯の前半が暗示されている。自叙伝は、敬虔なカトリック教徒である母親の膝の上で戯れる幸福なペペ（バスコンセロスの名前ホセの愛称）少年の姿からはじまる。しかし、その幸福な日常を打ち破るようなエル・ササベという村の厳しい環境が引き続き描かれている。

> 砂漠と山脈からなるこの広大な地域は、スペイン系とアングロサクソン系というふたつの優勢な白人種の共通の敵であるアパッチに支配されてきた。野蛮人は略奪を終えると男を殺し、女を陵辱する。幼子を床にたたきつけ、年長の子どもたちは戦争のために捕らえ訓練して兵士として利用した（Vasconcelos 1935a:8）。

インディオが村を襲ってくると父親は銃をもってこれを撃退し、女性と子どもは家にこもってひたすら聖母マリアに祈りを捧げる。こうした状況のなかで、母親は幼いペペに、ファラオの娘に育てられた捨て子のモーゼの物語を聞かせる。そして、怖がる息子にたいして、万一インディオに連れ去られたときにはインディオとともに生き、彼らに全知全能の神、そしてイエス・キリストの存在を伝えるようにと諭した。白人社会を襲う「野蛮なインディオ」のなかに飛び込み神の存在を説くというこのくだりは、メキシコ革命に参加し、公教育大臣として学校教育を全国に普及しようと努めた彼のその後の人生に重ね合わせることもできるであろう。バスコンセロスは、キリスト教などのヨーロッパ文化をもたらしたスペイン人によるアメリカ大陸支配を「文明化」として肯定的にとらえた。そして、植民地時代をつうじてもなお「文明化」されえなかったインディオにたいし、「自由」と「民主主義」をかかげた革命によって、あるいは教育によって、「文明」を与えるということをみずからの使命とした。幼いころにうえつけられた「野蛮なインディオ」という認識は、「文明」対「野蛮」というかたちで固定化され、その後の彼の思考を規定することとなったのである。

バスコンセロスは、11歳のころ父親に連れられてドゥランゴ州へ旅行するが、幼くして生まれ故郷のオアハカを離れた彼は、国境の町以外の記憶がなく、この旅行ではじめてメキシコの内陸の地を知ることとなった。列車の窓から彼のみたものは、自分がまったく知らない異国の地としての「メキシコ」であった。灌木と砂と太陽に象徴されるメキシコ北部の砂漠の景色から、やがて緑と家畜のみえる谷と山脈が突然とあらわれる。そして、駅に群がる人びとは、これまでバスコンセロスがであったことのなかった「メキシコ人」であった。

> 駅の停車場にはエキゾティックなタイプの人びとが駆けつける。北の人間よりも日に焼けた顔をし、振る舞いは上品ではない。多くの男たちは、労働者の青いズボンの代わりに白い半ズボンをはき、信じられないほどたくさんのチャーロ・スタイル[10]の丸いソンブレーロ（帽子）は、テキサスの学校でみた地理のテキストにある典型的な挿絵を思い出させる（Vasconcelos 1935a：62）。

はじめて訪れた内陸の町において、バスコンセロスはべつの「メキシコ」

を発見した。それは、同じメキシコ人でありながら自分とはまったく異質の世界に住む「エキゾティックな」人びとであり、自分が差別をされていたアメリカ合州国の学校の教科書でみたステレオタイプ化されたメキシコ人像と同じ姿をしている人びとが行き交う世界だったのである。このことは、彼にとっては大きな衝撃であったに違いない。アメリカ合州国との国境の町で育った彼の目には、ソンブレーロをかぶったチャーロ・スタイルは、「都会的」センスに欠ける「田舎」じみた「前近代的」なものとして映ったであろう。のちに弁護士として、あるいは革命運動の活動家としてメキシコの地方都市や農村部、山間部をたびたび訪問したバスコンセロスは、こうした「都市」と「地方」の格差もまた「文明」対「野蛮」の対立としてとらえるようになるのである。

弁護士となって地方を訪れた彼は、そこでの生活に不快感を示している。たとえば、外部との接触の少ない山奥の村を訪問したさい、ニューヨークに高層ビルがあるのは本当かと真剣に尋ねたその村の弁護士についての記憶をつぎのように語る。

> (……) わたしは地元の弁護士とともに残り、いくつかの手続きをした。この弁護士は、立派な法律家であるとの評判で、赤銅色をした才能のあるほぼ純粋なインディオであった。(……) どんなに物知りであっても、山間部のこのような閉じこもったところでの生活は、これほどの不信と素朴さといった状態に導くはずだ（Vasconcelos 1935a:342-343）。

あるいはまた、「アスファルトの上で（Sobre el asfalto）」という小見出しがつけられた節において、農村の生活にかんして都会のそれと比較しながら、つぎのように軽蔑のまなざしを投げかける。

> 毎回急いで都会に戻ってきた。田舎の風景の魔法がとけると、小さな村むらの生活は、ビリヤードの習慣や酒席のゆえに不愉快である。し

> かも、帰りたくてうずうずしてくる。都市の外観は、美しく壮麗である（Vasconcelos 1935a:354）。

このようにバスコンセロスは、山間部や田舎にある村での生活を「停滞」であり「野蛮」であるとし、さらにそこの住民たちをメキシコの将来を担う能力のない「無知なる大衆」として、「地方」にたいして嫌悪感を抱いていた。そして、「無知なる大衆」すなわち「内なる野蛮」は、「文明」の中心である「都市」の脅威としてとらえられていたのである。

> はじめからわれわれの社会は、都市に形成される文化の中心地にたいする田舎の野蛮による定期的な侵略を被っている。どの革命（独立戦争とメキシコ革命をさすと思われる）も、メスティーソとクリオーリョが苦労して培ってきたヨーロッパの移植を荒廃させる野生の爆発であった（Vasconcelos 1935a:505）。

バスコンセロスによると、ヨーロッパからもたらされた「文明」は、都市においてメスティーソとクリオーリョによってかろうじて守られてきたものの、それはつねに「都市」を取り囲む「内なる野蛮」の脅威にさらされてきた。「文明」の中心である都市は、けっして強固なものではなく、いつ崩壊してもおかしくはないまさに「未開の海に浮かぶ小島」（Vasconcelos 1935a:505）にすぎないのである。しかも、「野蛮」から「文明」を守るべきメキシコの連邦政府は、武力を背景として権力を握ろうとするカウディーリョ（caudillo 地方政治の頭領）らによって繰り返される武力闘争のため、政府の体をなしていない。バスコンセロスは、みずからの利害にしか関心のないカウディーリョにたいしても攻撃の筆をゆるめことはない。たとえば、19世紀後半、ユカタン半島で長年にわたって続いてきた先住民反乱であるいわゆるカスタ戦争について、「文明」を脅かす「野蛮」の反乱であるだけではなく、ユカタン半島での権益をねらう欧米諸国に介入の契機を与えるとして、インディオとともに連邦政府までをも厳しく批判する。

> （カスタ戦争をめぐる一連の）こうしたできごとの恥は、ユカタン人ではなく中央にいるわれわれ全体の恥であり、軍事クーデターの続く腐った国家全体の恥である。ユカタン、チワワ、ソノーラ、コアウイラにおいて、野蛮なインディオの脅威のもとで暮らしていた文明家族のことを考えよ。そして、大統領たちの肖像や将軍たちが身につけている肩章、帯、メダルの数をみよ。そうすれば、この時代の悲劇の全貌が理解されるであろう（Vasconcelos 1944:383）。

ここでバスコンセロスのいう「文明家族（familias civilizadas）」とは、権力争いに明け暮れるカウディーリョの家族でもなければ、商人としてのどん欲さに支配されたブルジョワ階級の家族でもない。それは、政治や職業においてより高邁な態度を身につけている「教養ある中間層（la clase media culta）」であり、キリスト教的な自由と平等、そして節制という「美徳によって支えられた知性」を備えた人びとからなる家族であった（Vasconcelos 1936:377-378）。彼は、血統によって規定されるこれまでの貴族とは異なるあらたな「貴族」として、こうした「中間層」の誕生に期待をかけた[11)]。しかしながら、「野蛮」な「無知なる大衆」は、こうした「貴族的中間層」へと成長するどころか、「文明」を脅かす存在でしかなかったと嘆いたのである。

「文明」と「野蛮」、「都市」と「地方」、「進歩」と「停滞」、「クリオーリョ、メスティーソ」と「インディオ」、「貴族的中間層」と「無知なる大衆」といった図式でメキシコを理解していたバスコンセロスは、1910年以降の革命期において、メキシコ大学学長や公教育大臣として、おもに教育の分野で要職を担った。それは、アメリカ合州国に遅れをとっているメキシコを発展させるためには、教育をつうじて「無知なる大衆」を「文明化」しなければならないとする彼の強い危機感のあらわれであろう。さらに、1929年には大統領選挙に立候補し、教育だけでは十分になしえなかった「文明化」のしごとを、国家を指揮する立場から継続しようとした。しかしながら、大統領選挙に敗れた彼は、失意のままメキシコを離れることになったのである。

バスコンセロスのはじめての自叙伝が出版されたのは、彼が敗れた大統領選から6年後の1935年である。その自叙伝において彼は、「内なる野蛮(Barbarie adentro)」という節において、「文明化」しえないメキシコの「無知なる大衆」にたいする失望を語っている。

> あの闘鶏好きでアルコール中毒の一般大衆が、近い将来わが国の主人になるという考えは一時も浮かばなかった。われわれは、大都市の範囲をほとんど越えることのない進歩について過度の幻想をつくりあげていた(Vasconcelos 1935a:347)。

「闘鶏好きでアルコール中毒の一般大衆」とは、多くが農村地域に住む先住民系の住民のことであろう。この自叙伝が出された1930年代なかばは、ラサロ・カルデナス(Lázaro Cárdenas 1895-1970)政権(1934-1940)のもとで、とりわけ先住民にたいする政策が積極的にとられるようになった時代である。こうした時代にあって、バスコンセロスのような先住民蔑視ともいえるこのような認識にたいしては多くの批判もあっただろう[12)]。しかし彼は、先住民の権利や価値の再評価あるいは擁護をめざす政治的、社会的、文化的潮流であるいわゆる「インディヘニスモ」を、ラテンアメリカにおける権益をねらうアメリカ合州国の陰謀であると主張する。そして、インディオにとっての将来は、「近代文明」すなわち「ラテン文明」に加わっていく以外にはないと信じていたのである。さらに、アメリカ合州国人は、「白人の特権に夢中になっている」にもかかわらず、スペイン人ではなくインディオに共感を抱いていると揶揄する。そして、メキシコ人さえもが、「野蛮なスペインと高貴なインディオという主張」を疑おうともしないと非難し、「高貴なインディオ」というつくられたイメージの欺瞞性を告発する(Vasconcelos 1935a:38)。いうまでもなく、バスコンセロスにとって「高貴」なのは「文明」をもたらしたスペインであって、インディオは「文明化」の時代であった植民地時代をへてもなお「文明化」されえず「野蛮」のままであった。革命のなかで武器をとって闘ったインディオによる運動は、「文明」を荒廃させる「野生の爆発」でしかなかった。それが、彼の体験的に知っている「インディオ」の姿だったのである。

## おわりに

バスコンセロスは、西欧思想に強い影響を受けながらも、西欧思想をそのままラテンアメリカに導入することに強く反対した。とりわけ、有色（混血）人種を白人と比較して「劣等」であるとする主張や、インディオを「高貴」であるとみなす論調を批判する。そして、西欧思想に対抗しうるラテンアメリカ独自の原理を構築しようとする試みのひとつとして、混血人種からなる「宇宙的人種」の誕生を予言した。しかしながらそれは、白人優位を有色人種優位に置き換えただけであって、「人種」や「優生学」といった当時さかんに用いられていた概念や学問そのものを問い直すものではなかった。欧米だけに限らずラテンアメリカ社会にも根強く残る「人種」へのこだわりから、バスコンセロスもまた逃れることはできなかったのである。「混血」の重要性を訴えた彼であっても、その自叙伝において有色人種にたいする偏見を素直に認めている。

> いまだに打ち破れない偏見、ある種の憐憫、しかし慈悲ではなくむしろたわいのない拒絶が、まだわたしを有色人種から遠ざけている。そして、黒人の「ヴォードヴィル」のダンスや叫びにたいして共感を覚えることを妨げている。（……）われわれの愛着から遠く、われわれの感受性の範囲外にいるあの何百もの有色人種という明白な事実、解決しようのない存在は、自然のしわざにたいする抗議の念をかき立てた（Vasconcelos 1935a:424-425）。

バスコンセロスは、1911年、革命の指導者マデーロが率いる一派の大使としてワシントンに向かう途中、ニューオリンズに立ち寄ったさいに、白人男性を相手にする黒人の娼婦をみたときの印象を振り返りながらこのように述べた。「混血人種」の優秀性を唱えた彼であるが、感情においては有色人種への偏見から自由にはなれなかったことを告白している。また、「ラテン」対「アングロサクソン」というふたつの白人種を中心とした彼の文明史観をみても、白人を優秀ととらえる彼の思考は明らかであろう。つまり、バスコンセロスは、白人中心主義的な西欧の「知」のありかたに反旗を翻しつつも、それにたいする彼の「闘いの武器」は、結局のところ、その西欧の「知」の枠組みに規定されていたのである。

いうまでもなく、こうした思考のありかたはバスコンセロスだけに限ったことではない。当時のメキシコあるいはラテンアメリカの知識人の多くにとってもまた、ヨーロッパの思想に強い影響を受けながらも独自の思想をつくりあげようとしたとき、ヨーロッパ的な思考の枠組みから自由になることは容易なことではなかった。それは、誰しもが逃れることのできない時代の制約とでもいえるであろう。われわれが問題とすべきは、こうした時代の制約が、どのように構築され、どのような機能をはたし、どのような問題をもたらしたのかということであり、さらに、それが現在にどのような影響を与えているのかを探ることが重要ではないだろうか。

つぎの章では、バスコンセロスと同時代に考古学者、人類学者として活躍したマヌエル・ガミオの思想について検討する。ガミオは、バスコンセロスが批判していたインディヘニスモの潮流を代表する研究者であり、また政策担当者でもあった。一見すると両者は、正反対の立場にあるようにもみえるが、「混血」によってメキシコの発展をめざすという点においては歩を一にしていたともいえるのである。

**注**

1) 日本においては、バスコンセロスにかんする研究はほとんどなされていないが、田中が、教育および文化政策からバスコンセロスの思想について論じている（田中 2002）。また、高山は、メキシコの混血論を論じるなかでバスコンセロスの「宇宙的人種」について紹介している（高山1973）。バスコンセロスの著作については、『宇宙的人種』の抄訳・部分訳（高橋均訳）のみがある。raza cósmicaにたいする訳としては、「普遍的人種」とするものもあるが、「コスモス」とは秩序と調和の取れた宇宙を意味していると思われること、本文でも述べるようにフンボルトの影響を受けていること、バスコンセロスの文章が独特の雰囲気をもっていることなどを考慮し、本書においては「宇宙的人種」と訳す。

2) 大貫は、ラテンアメリカの「混血」にかんする論考の最後を「(……) ラテン・アメリカ諸国の文化はまだまだ形成の過程にある」（大貫 1984:305-333）としめくくるが、この論考をみてもわかるように、「混血文化」は時代や地域や論者によってさまざまなかたちで語られるのであり、そのことは、文化の「形成の過程」というより文化の複数性を意味しているのではないだろうか。文化の複数性について、落合はつぎのように指摘する。

> 文化には複数の顔がありうる。その文化内部の人間により現実に生きられている文化、異文化のなかにイメージとして生きる文化、外部に向けた自画像的表現としての文化などである（落合 1993:3）。

3) 今福は、「混血」の思想を「(……) 単一の原理にすべてを従わせようとするあらゆる権力にたいして、もっともシンプルで徹底的な抵抗となりうる」ひとつの「推進力」として論じる（今福 1991:108）。また、後藤は、ペルーにおける「混血」論と比較しつつ、統合化という視点から論じられることの多いメキシコの混血論を「一面的な印象」を与えるとし、「多様のなかでの共生を模索する原理」としての「混血化」の研究を提起する（後藤 1996:35-36）。一方、ブラジルにおける「混血」論を批判的に検討しようとする鈴木は、ラテンアメリカにおいては、アメリカ合州国とは異なり混血が進んでいるため人種差別が少ないという「人種デモクラシー」の問題について論じている（鈴木 1993:261-281）。このように、「混血」をめぐってはさまざまな視点から議論がなされてきたが、本書においては、「混血」を単一の原理にしようとした20世紀前半のメキシコ知識人による思想の形成過程に注目する。

4) 高山は、メキシコの「国民文化」＝「メスティーソ文化」は、「バスコンセロスの時代から意識的に創造されるものなのである」（高山 1973:68）と述べるが、メスティーソを積極的に評価しようとする思想的流れは、バスコンセロス以前からはじまっていた。この点については、Basave Benítez 1992、松下 1993などを参照のこと。

5) ハリス財団によっておこなわれたこの講演会には、バスコンセロスのほか、ガミオ、サエンス、そして、カリフォルニア大学のハーバート・プリーストリ（Herbert I. Priestley）が参加した。バスコンセロスとガミオの講演は、『メキシコ文明の諸相（Aspects of Mexican Civilization）』として、サエンスとプリーストリの講演は、『メキシコの諸問題（Some Mexican Problems）』としてまとめられ、シカゴ大学より1926年に出版された。
6) 序章の注8) でも指摘したように、「インディオ」という呼称には差別的な意味合いが含まれることがあり、20世紀前半にはそれにかわって先住民を意味する「インディヘナ」という呼称もあらわれる。しかしながら、バスコンセロスをはじめ当時の多くの知識人は、先住民を「インディオ」と呼んでいたことから、本書でもあえてこの用語を使用する。本来であればかっこをつけるべきところであるが、煩雑さを避けるためにかっこは省略する。
7) メキシコにおいて「クリオーリョ」とは、アメリカ大陸生まれの白人をさす。
8) バスコンセロスのこうした「ラテン」と「アングロサクソン」という対比は、アテネオのなかでも取り上げられたウルグアイの思想家ホセ＝エンリケ・ロドー（José Enrique Rodó 1871-1917）の『アリエル（Ariel）』（1900年）に影響を受けている（Franco 1967:49-53/58-63、柳原 2007:37-38）。また、バスコンセロスは、メキシコの歴史について論じた『メキシコ小史（Breve historia de México）』（1937年）においても同様の歴史観を展開するとともに、ラテンアメリカ諸国とアメリカ合州国の独立のかたちの違いからラテンアメリカの「後進性」を説明している。
9) アメリカ合州国においても、人種の混血は明らかに進んでいた。しかしながら、ラテンアメリカにおいては、人種の混血が細かく分類されそれに名称が付けられたのにたいし（大貫 1984:313-315）、アメリカ合州国においては、混血はすべて黒人と分類されることになった（鈴木 1993:277）。
10) メキシコの牛飼いのことをチャーロ（charro）と呼び、つばの広いソンブレーロ（帽子）をかぶる。バスコンセロスは、それをメキシコの田舎の象徴ととらえている。
11) バスコンセロスの「貴族」にかんする考えかたについては、Vasconcelos 1935bを参照のこと。
12) たとえば、ブランコは、「バスコンセロスは、大衆や寡頭支配をけっして理解しなかったし、メキシコにおいて大衆がどのように搾取され、支配されているかも理解しなかった」（Blanco 1977:21）と指摘する。

# 第2章　マヌエル・ガミオの人類学研究と「混血」

## はじめに

「メキシコ人類学の父」、「インディヘニスモの祖」といわれるマヌエル・ガミオは、テオティワカン遺跡の発掘をはじめとする考古学研究でも知られている。ガミオが活躍した20世紀前半は、壁画運動[1)]と呼ばれる芸術活動において、先住民の生活が題材として積極的に描かれるようになるなど、インディオがメキシコの「国民文化」により積極的に取り込まれるようになった時代である。ガミオもまた、メキシコ独自の価値を追求するなかで、インディオに注目し、そして、それまで白人社会にはあまり知られていなかったインディオの調査を進めるべきであると主張する。

ガミオによるその調査研究は、現在を生きるインディオだけではなく、コロンブスによる「発見」以前の「文明」にまでさかのぼっておこなわれる。テオティワカンの発掘とその修復は、かつて「偉大な文明」を築いたインディオがメキシコの基盤をなすひとつの要素であることを国の内外に広く示すものとなったに違いない。彼は、考古学研究によってインディオの「過去」を掘り起こし、人類学研究によってそれを「現在」とつなげることによって、メキシコのアイデンティティの構築を試みた。

こうしたインディオの研究やそれにもとづく政策あるいはその根底に流れる思想、すなわちインディヘニスモは、それまで抑圧されていた先住民の権利や価値を承認し、メキシコの重要な要素として肯定的に受け入れるという意義があった。しかしその一方で、とりわけ1960年代後半以降、国家が主導する先住民政策にたいして、支配層が欧米諸国とは異なるメキシコのアイデンティティを模索するなかで、インディオを自己の都合のいいように取り込もうとしているにすぎないといういわゆる「官製インディヘニスモ（indigenismo oficial）」批判が出されるようになった2)。確かに、抑圧されているインディオの側に立とうとするガミオにたいしても、彼が国民統合をめざすうえでインディオをどのようにとらえていたのかを検討するならば、そのような批判もありえよう。しかしながら、前章の最後に述べたように、当時のメキシコの知識人の多くがヨーロッパ文化に強い影響を受けていた時代にあって、ガミオもまた例外ではなかったはずである。

本章においては、先住民教育政策にも担当者として深く関与したガミオの思想が、彼と同時代に生きながらインディオよりもスペインへの愛着を強くもっていたバスコンセロスの混血思想とどのように交錯していくのかを検討する。とくに、ガミオの代表的著作のひとつ『祖国をつくる（Forjando patria）』を中心に検討し、ガミオがインディオをどのようにとらえ、そして、「国民文化」のなかでそれをどのように位置づけたのか、さらには「混血の国メキシコ」という言説の構築にどのような影響を与えたのかを明らかにしたい。

## 1. インディオの「発見」

スペイン系の血を引くガミオがインディオに関心をもったのは、プエブラ州およびオアハカ州と境を接するベラクルス州の州境に父親が所有する農場で働いていた労働者たちとであってからである。ガミオの兄弟がメキシコ・シティに戻ったにもかかわらず、ガミオがその農場にとどまった理由を彼の孫ゴンサーレス＝ガミオは、「(……) 彼が発見しつつあったべつのメキシコに魅力を感じていた」（González Gamio 1987:21）と指摘した。そして、彼の発見したその「べつのメキシコ」についてつぎのように述べる。

> トント川（農場のわきを流れる川）の畔に発見したその世界は、不正と貧困の世界であっただけでなく、美と情と力の世界でもあった（González Gamio 1987:22）。

ガミオは、当時のインディオ社会を「不正と貧困」のはびこる世界でありながら、同時に「美と情と力」の息づく世界であるととらえ、彼らのもっている「精神的な豊かさ」を発見し、それを積極的に評価する。そして、こうしたインディオのおかれている状況や彼らのもっている「価値」が、メキシコのなかでもとりわけヨーロッパ人を祖先にもつ人びとにはまったく知られていないことを問題とした。つまり、ガミオは、白人世界とは異なるインディオ世界を「発見」し、自分たち白人はその世界にかんする知識に欠けていることを痛感する。そして、こうした無知がインディオ社会にはびこる「不正と貧困」の解消を遅らせ、さらにはメキシコの国民統合と国家全体の発展を妨げる大きな要因となっていると考えるようになった。そこで、インディオを知るためには、まず彼らを調査することからはじめる必要があった。ガミオが人類学研究に傾倒していったのは、こうした背景によるものである。

> それぞれの言語、文化的表現、身体的特徴によってはっきりと規定され特徴づけられる民族性（nacionalismo）をもった（マヤ、ヤキ、ウイチョルなどの先住民）集団は、ごくわずかなメキシコ人や外国人の人類学者を除いては、つねにヨーロッパ起源の集団には知られてこなかったし、知られていない。この無知は、メキシコの国民性（nacionalidad）にとって許しがたい犯罪である。というのは、それらの集団の特徴や必要性を知らなければ、彼らの国民への接近や統合の努力は不可能となるからである（Gamio 1916:17）。

ガミオは、インディオについての無知がもたらす弊害について、このほかにもさまざまなところで繰り返し論じている。たとえば、1926年シカゴ大学において、バスコンセロスらとともにおこなった講演のなかでもつぎのように述べる。

> （白人とインディオの接触を問題にして）しかしながら、このことは困難であります。なぜならば、一方また両方の肉体的、物質的、知的特徴がわからないとき、そして、それは不幸にもメキシコの人びとにとって真実であり、とくに大多数の先住民にかんして真実でありますが、そうしたとき、ふたつの社会集団の関係を正常化することは不可能であるからです（Gamio 1926:122-123）[3)]。

ガミオは、この講演を「メキシコ文明のインディオの基盤（The Indian Basis of Mexican Civilization）」というタイトルでおこなったが、同じ講演会のなかで、「メキシコ文明のラテンアメリカの基盤（The Latin-American Basis of Mexican Civilization）」と題して講演したバスコンセロスとは、両者の講演のタイトルに示唆されているように、「メキシコ文明」の基盤をどこにみいだすかという点において一見すると異なる立場にある。前章で述べたように、バスコンセロスは、メキシコあるいはラテンアメリカの人種的、文化的起源を「スペイン＝ラテン」に求め、それを基盤として白人と有色人種とがさらなる混血を続け、そしてラテンアメリカにおいてあらたな人種が誕生することによって世界はより一層の発展を遂げると唱えた。インディオを「文明化」すべき「内なる野蛮」（Vasconcelos 1935a:346）ととらえた彼は、インディオを肯定的、積極的に評価しようというガミオのような視点には乏しく[4)]、また、インディオ世界にかんする調査にも消極的であった。バスコンセロスが公教育大臣在任中、あるソーシャル・ワーカーが都市低所得者層や農村地域の調査を申し出たときのことを振り返り、彼は自叙伝につぎのように記している。

> インディオがどういう状態にあるかいうな。すでにわたしは知っている。肉体と魂の空腹。貧困地区の生活について語るな。閣議のなかに

> 閉じこもって生きているのではない。貧しい人々を訪問しているのだ。わたしには報告書は必要ない（……）（Vasconcelos 1951:68）。

ここでバスコンセロスが知っているというインディオは、幼少のころからメキシコ国内を転々とするなかで、あるいは弁護士や革命家として地方をまわるなかでであったインディオであり、調査や研究にもとづくものではなく体験的に知っているインディオであった。バスコンセロスにとってインディオは、植民地時代の宣教師による「文明化」の努力もむなしく、征服以前から「肉体と魂の空腹」のまま現在にいたっているのであり、そのことは調査をするまでもなくすでに明らかなこととされていた。一方ガミオは、バスコンセロスとは異なり、ガミオの属する白人社会にとってインディオは理解することが困難な存在であるととらえる。なぜならば、メキシコに住む白人は、ヨーロッパの価値基準を身につけているのであって、それとはべつの価値基準のなかに生きるインディオの世界を理解することはできないと考えたのである。

そこでガミオは、インディオを理解するため、彼らを「科学的」に調査しなければならないと繰り返し主張する。しかも、その調査をおこなうのは、政治家、教育家、社会学者ではなく人類学者、とりわけ民族学者ということになる。さらに、人類学者、民族学者は、知識を蓄積するだけではなく、献身の気持ちをもち、そしてなによりも人種にたいする偏見をもたないことが条件となる（Gamio 1916:40）。ガミオにとって「彼らインディオ」は他者でありながら、同時にまた「われわれのインディオ」であって、そのインディオを理解するためには人種的な偏見を捨てて「科学的」な調査をしなければならないのであった。実際ガミオは、インディオが白人よりも本質的に劣るといった当時の人種論には与することなく、両者のあいだに人種的優劣はないと明言している。

> インディオは、進歩にたいして白人と同様の能力をもっている。白人に優ることも劣ることもない（Gamio 1916:38）。

これだけをみると、ガミオは白人もインディオも同等の能力を有する対等な存在であると考えているように思えるが、これに続く彼の指摘をみると、この「対等」のもつ意味が特別なものとなってくる。

> 特定の歴史的祖先と、インディオの住む環境の非常に特殊な社会的、生物的、地理的などなどの条件とによって、インディオはヨーロッパ起源の文化を受け入れ同化するためには不適格となってしまった。もし、（植民地期、独立期の）歴史的祖先の耐えがたい重石が消えたならば、（……）もし、今日のように彼らが白人よりも動物学的に劣るという考えをやめたならば、そして、食事、服装、教育、娯楽が向上するならば、インディオは、他のどの人種の人とも同じく現代の文化を受け入れるであろう（Gamio 1916:38-39）。

ガミオによれば、インディオは能力においては白人と比べなんら劣るところはないが、その歴史的な背景や社会的状況、あるいは気候や地形などの生活環境といった外的な条件によって、「ヨーロッパ起源の文化」を受け入れることができず、文化的、社会的に「遅れた」状態に追いやられたということになる。つまり、ガミオは、「ヨーロッパ起源の文化」の優位性を前提としており、白人とインディオがすべての点において完全に同等であるとみなしているわけではなかった。当時のラテンアメリカ知識人の思考のなかで支配的であった人種決定論によるインディオの劣等性を否定しながらも、インディオは社会的、文化的に「遅れた」状態にあり、そしてそれは、歴史や環境によって説明されるとしたのである[5)]。インディオは、メキシコがスペインの植民地支配下あった300年間と独立以後の100年間にわたって抑圧されてきたために、自然な進化の過程をたどることが不可能となってしまった。また、メキシコは、地形や気候あるいは言語においても多様性に富んでおり、それが「ヨーロッパ起源の文化」をもとにしたメキシコの統一的発展を妨げてきた。ガミオは、このようにインディオ社会およびメキシコ社会を理解していたのである。

ガミオが白人とインディオの人種的な「平等」を指摘しながらも、インディオの社会的、文化的「遅れ」を問題としたのは、インディオ文化よりもヨーロッパ起源の白人文化のほうが進んだ段階にあるという思考に強くとらわれていたからである。

> (……) インディオは固有の文明をもっているが、たとえそれがどれほど魅力的であろうとも、それの到達した発展段階がどれほど高くとも、現代の文明に比べて遅れている（……）（Gamio 1916:172）。

> (……) 先住民文明は、西洋文明と比べて遅れているうえに、体系化されず、学派も形成しなかった。(……) 反対に、ヨーロッパの文化は、より高度な発展段階を示しているうえに、秩序立って科学的に普及した（……）（Gamio 1916:174）。

このようにガミオは、西洋文明と先住民文明とのあいだに、発展段階における大きな格差をみいだすが、ただし、人種と同様に文化についても、西洋文化と先住民文化のあいだの本質的な優劣を認めているのではない。こうした格差は、歴史や環境に強く影響され、その結果として、あくまでも進化の段階において生じたものであると考えている。そして、こうした論法を欧米諸国とメキシコとの社会的、文化的格差にもあてはめた。すなわち、当時、ヨーロッパ諸国やアメリカ合州国と比較してメキシコが遅れているかにみえたとしても、それはメキシコ人が本質的に劣っているのではなく、あくまでも歴史や環境による発展段階の差にすぎないということを主張したのである。

> 要するに、教養ある国民とか教養のない国民とは呼ばないようにしよう。(……) というのは、文化とは、何度も断言してきたように、人間の本質に固有な表現の総体を含意している。呼吸、栄養、再生産な

> どなどは生理的表現あるいは現象であり、認知、感情、記憶は心理的表現である。しかし、メキシコ人の心理や生理が、他の国民のそれに劣っているとか優れているとか誰もいおうとは思わない。ましてや、心理や生理が欠けているとは思わない。そうであるならば、われわれを教養がない、文化に欠けると呼ぶことは無邪気なことではないか（Gamio 1916:189）。

インディオ社会の「遅れ」を、白人とインディオにおける人種や文化の本質的な優劣から説明するのではなく、その歴史、環境によって説明しようとするガミオにとっては、スペインという「異質」のものが入り込む以前のインディオは、その高度な文化ゆえに発展の可能性を秘めていたと思えた。しかしながら、白人支配による植民地期や独立期においては、インディオのその後の自然な発展が妨げられることとなった。すなわちインディオは、「征服」以前の段階から進歩することが不可能な状況に追い込まれていたというのである。いうまでもなく、「われわれのインディオの遅れ」は、すなわちメキシコの「遅れ」である。そこでガミオは、征服以前のインディオに注目する。

> 現実的で、活気があり、独創的なインディヘナ（先住民）の伝統は、征服以前のメキシコ人の生活がどのようなもので、どのように送られていたのかにわれわれの目を向けさせる。われわれの美的基準には、独創的で新奇な芸術、多様な表現をもつ才気ある技巧、複雑で強力で賢い組織（Gamio 1916:116）。

ガミオによると、征服以前のインディオは、ヨーロッパの基準からすると大いに異なるものの、優れた文化をもつ高度な社会をつくりあげていた。そうした征服以前のインディオの世界を知ることができれば、彼らの価値を引き出すことができる。そして、その価値を生かしながらインディオ文化をヨーロッパ文化に同化し、彼らの「遅れ」を取り戻すことによって、インディオのみならずメキシコ全体の発展がはかられるとガミオは期待をかけた。彼が人類学と考古学両方を同時に進めたのは、こうした考えにもとづいたものであった。

## 2. インディオを知る

ガミオは、メキシコの少数派である白人が、多数派であるインディオの「実態」を知らないために彼らの生活を向上させることができないと指摘し、インディオを知るためには、「人類学的基準をもって、彼らの前植民地期および植民地期の祖先と現代の特徴を調査すること」（Gamio 1916:24）が必要であると述べた。ガミオにとって考古学は、「過去のものの科学」ではなく「人間をあつかう科学」であり、人類学の不可欠な一部である。そして、メキシコにおける考古学の目的は、征服以前のインディオの文化、文明を研究することであった。植民地時代だけではなく独立をへてもなお抑圧され続けてきたインディオは、そのために進歩することなく征服以前と同様の状態で生きているとするならば、征服以前の彼らを考古学的な手法で研究することは、過去をあつかいながらも現在をあつかうことになる。ガミオがテオティワカンの遺跡の発掘調査とともに、サン・フアン・テオティワカン（San Juan Teotihuacan）という近隣の村の調査に入ったのもこうした理由によるものであろう。

こうして先住民について知る唯一の手段としてガミオが採用した方法が、考古学を含んだ人類学であった。彼が「科学」ということばをさまざまなところで繰り返し用いているように、その人類学は「科学」に裏打ちされたものでなければならない。いうまでもなく、ここでいう「科学」とは、西欧で生み出された知の一形態であるが、ガミオはこの「科学」によって、さらには西欧との対比によってインディオを調査し、そして分類しようとする。たとえば、インディオあるいはインディオの血が濃い集団と、白人あるいは白人の血が濃い集団とにメキシコ人を分類し、両者の労働力の違いを分析することによってその身体的な特徴を明らかにしようと試みる。それによると、前者の集団は、エネルギーを生み出す能力、あるいは筋肉の発達において後者よりも劣る反面、忍耐力や持続力においては後者に勝るという。

> 前者の集団（インディオ）は、エネルギーと力を生み出すことが遅いか、あるいは並程度であるが、力の継続、持続、耐久という点においては、後者の集団（白人）をしのぐ。外見上、その筋肉の発達は後者のそれに劣る（Gamio 1916:249）。

さらにこうした違いは、インディオの集団が菜食中心の粗食であるのにたいし、白人はさまざまなものを豊富に食すことから生じると指摘し、両者の身体的特徴に差が生じる要因を食生活の相違に求める。ただし、これはデータや前例が少ないためかならずしも科学的ではないが、経験的に理解できるとしている。

あれほど「科学」にこだわるガミオが、こうした「人種」による相違という重大な問題にたいして、安易に結論を導き出しているような印象を受ける。しかも、インディオがエネルギーを生み出す力が弱い反面、忍耐力や持続力に勝るという指摘は、インディオの「怠惰、無気力、忍耐力、持続力」などといった征服以後から非インディオ社会のなかで論じられてきた紋切り型のインディオのイメージと重なる[6)]。ガミオはここで、科学的なデータ不足という点を留保してはいるものの、「科学」を重視する彼であれば、この人種による労働力の相違も「科学的」に証明されると信じていたのであろう。

また、ガミオは、征服以前のインディオの芸術作品の評価にかんしても、とりあえずはすでに身につけている西洋の基準から判断せざるをえないと主張する。

> われわれは準備ができている。われわれの魂は、いかなるときも古代ギリシャ、古代ローマ、ビザンチンとなりうる。われわれの芸術的感

> 情はつねに、その時代のそれらの国ぐにの人びとの感情と同様の音域でひびくであろう。ローマ人、ギリシャ人、ビザンチン人にかんして表明されたことは、西洋芸術に近いかあるいは遠い直系のほかの民族に援用されなければならない。すなわち、エジプト、カルデア、アッシリア、フェニキア、ユダヤ、アラビア、インド、ペルシャ、小アジアである（Gamio 1916:73）。

歴史や文学、あるいは博物館やそのほかの教育施設によって、西洋芸術にたいする知識や感性を身につけているガミオら白人は、ヨーロッパだけではなく、エジプトやインドなど非ヨーロッパ地域の芸術までをもその古代にさかのぼって理解し共感できるというガミオであるが、自分たちの身近にいるインディオの数百年ほど前の芸術が理解できないという。なぜならば、そうした芸術作品ははじめてみるものであって、それを判断する基準をもたないからであった。そこで、発掘によって発見された出土品や征服以前の建築物に残る紋様などを、古代ギリシャ、フェニキア、エジプトなどのものと並べ、形体の類似しているものをとりあえず芸術作品とみなす。ただし、それはあくまでも形体上の類似によるものであって、作品がつくりだされた背景やそれに込められている意味まではわからない。そこで、ガミオのいうところの人類学的な研究によって、そうした背景や意味を明らかにすることの必要性が説かれる。しかしここでもまた、身体的な特徴と同様、ヨーロッパとの比較においてインディオの芸術が分類されていることに留意する必要があるだろう。

ガミオは、インディオの身体的特徴から芸術作品にいたるまで、さまざまな側面においてインディオを知ろうとする。こうした彼の姿勢は、知ることによってインディオのおかれている「貧困と不正」の状況を克服するという思いに根ざしたものではある。しかしながら、先住民言語にたいする彼の考えをみるならば、考古学を含んだ人類学的調査によってインディオを知るということに大きな問題がはらまれていることに気づく。

ガミオは先住民の言語にかんしても、それを研究する科学的基準が欠如していることを指摘し、彼らの言語を理解することの必要性を説く。なぜならば、言語は、「インディオの魂につうじる唯一の道」であり、彼らのイデオロギーや物質文化を表現しているからであるという（Gamio 1926:126）。20世紀はじめのメキシコの教育においては、先住民言語を無視した一方的なスペイン語化政策が中心であったことなどを考えると[7]、このガミオの指摘はそれに反してインディオの固有の文化を擁護しているようにもみえる。しかしながら、この指摘の前提としてガミオはつぎのように論じている。

> メキシコの土着の言語や方言は、やや急速に消えつつあり、自然と消滅するにいたるだろうと国勢調査は示しています。したがって、われわれは、こうした衰退を妨げるようなたわいもない目的をもって、それらの言語を広範にそして熱心に調査することはありません。その衰退は、国家の統一には有益なのです（Gamio 1926:126）。

ガミオにとってインディオの言語は、あくまでも彼らを知るための手段にすぎないのであって、彼らの調査が終わればその言語は不要であるどころか統一のための障害となる。つまり、ガミオがインディオ世界について知らなければならないというとき、彼は、インディオの権利を尊重すべきとしながらも、インディオの文化そのものの復権や擁護を最終的な目標としたのではない。インディオ社会がみずから発展し、それによってメキシコ社会全体の発展に寄与するためにも、彼らの価値を生かしながら、インディオ社会を白人社会へと「併合（incorporación）」あるいは「融合（fusión）」することがめざされたのである。

> （「半文明化された」ヤキ族について、彼らの土地を保証すると同時に）数世紀前から侵略者である人種の構成員の発展だけがおこなわれてきた有利な条件のなかで、彼ら（ヤキ族）の身体的、経済的、知的発展が遂行されるようにつとめなければならない。そのことは、もちろん彼

ら本来の文化が、ほかの文化的観念の残酷な押しつけによって抹殺されることを意味するのではない。（……）反対に、今日まで支配してきた人種の表現と彼らの純粋な表現との、人工的ではない発展的な融合に慎重に協力し、彼らの純粋な表現の自発的な発展に便宜をはかるべきである（Gamio 1916:313-314）。

インディオの統合は、彼らの自然な発展をうながすことによって達成されなければならないのであって、強制的な西欧文明の押しつけであってはならない。そこでガミオは、一方的にインディオを自分たちに近づけるのではなく、反対に自分たちが彼らに近づこうと提案する。

インディオを併合するためには、突然「彼らをヨーロッパ化」するのではない。反対に、すでに彼らの文明によって希釈されて、エキゾティックでも、残酷でも、苦々しくも、理解不可能でもないわれわれの文明を彼らに提示するために、われわれがいくらか「インディオ化」しよう。もちろん、インディオへ近づくことが、極端なおろかさへと誇張されるべきではない（Gamio 1916:172）。

ガミオは、インディオを急速に「ヨーロッパ化」するのは難しく、彼らを白人社会へと併合するためには、インディオが多少は理解しているヨーロッパ起源の文明を彼らに提示しようと述べる。そして、そのためには、ガミオら白人がインディオに近づいて「インディオ化」することが望ましいとされた。すなわち、白人はつねに、インディオにはたらきかける主体としてたちあらわれ、一方インディオは、白人の救いの手をまつ客体として位置づけられる。客体であるインディオは、白人世界へ接近する道を歩むことを余儀なくされ、それを受け入れるか拒否するかといった彼ら自身による選択ははじめから想定されてはいない。そして、インディオにはたらきかける主体である白人は、完全に「インディオ化」されることのないように留意しつつ、みずからが進んでインディオに近づいていくことによって、インディオの特徴や必要性を知り、彼らを自分たちの「進んだ」世界に引き上げようとしたのである。そして、そのためには、白人がインディオと積極的に融合する、すなわち混血していくことが重要であると主張する。

> 混血化（mestizaje）は、メキシコに有益であるということを考慮しなければならない。たんに民族の視点からだけではなく、とくに、今日住民の大部分が呈している不満足な状況より進歩した文化様式を確立することが可能となるために。たとえそれが、教育やそのほかの手段を利用して達成されるとしても、こうした作業は、混血化が強化されればより早く遂行されるだろう。なぜなら、混血化は、土着の遅れた文化的特質の消滅あるいは代替の結果として、それ自体が自動的に効果的な文化の進歩をもたらすからである（Gamio 1935:27）。

メキシコ全体の発展のためには、「人種の融合、文化的表現の収斂と融合、社会的構成員の言語的統一と経済的均衡」[8]による「正統な」メキシコ文化を生み出し、ナショナル・アイデンティティを確固たるものにしなければならない。その目的にむけてインディオは、ヨーロッパの基準にもとづく調査、研究、分析によって理解される対象と化す。ガミオは、そのような理解のもと、インディオの「遅れた」部分をインディオと白人との「混血」、「融合」によって取り除くことが可能であると考えたのである。

## 3. インディオの救済／メキシコの救済

ガミオが、「貧困と不正」の是正をめざしておこなった人類学的研究の根底には、これまで述べてきたように、科学的に調査し、分析することによって理解可能になる対象としてインディオをとらえるという視線があった。そして、そうした調査は、白人にとって有利になるばかりではなくインディオの利益をも考慮しなければならず、そのためには、「軍人や商人ではなく、地域の言語を知り、先住民の気質を調査する適性のある専門家」に任せるべきであるとする（Gamio 1916:310-311）。つまりは、インディオを理解できるのは、ガミオら白人の人類学者であり、さらには、政治的、経済的な利害関係のない人類学者にこそインディオの利益を代弁する義務が課せられているというのである。そこには、インディオは、「文化的に遅れた」状況に押し込められていたがゆえに、みずから声をあげることができないという考えが流れていた。

> （革命がインディオからおこらなかった）その説明は非常にはっきりとしている。インディオは、つねに苦しむよう運命づけられてきたが、またつねに、命をかけて屈辱、略奪、侮辱の復讐をしようとしていた。しかし、不幸にも解放にいたるための適切な手段を知らなかった。指導的才能が欠如しており、その才能は、科学的知識と文化的表現の適切な方向づけをもつことでのみ得られるのである（Gamio 1916:168-169）。

ガミオによると、インディオは、科学的知識や文化的表現を身につけることができなかったため、抑圧から解放されるための能力を獲得するにはいたらなかった。それゆえに、彼らは、人類学者によって自分たちの声を表明してもらう権利を有し、人類学者はインディオの思考様式を理解する義務があるとガミオは主張したのである。

> インディオには、その文化的劣等性ゆえに、彼ら固有の思考様式を白人に理解してもらうことを期待する権利があります。なぜならば、少数の白人の近代文明を特徴づける難しいイデオロギー的、物質的メカニズムの段階に、精神的に、急速に、奇跡的に到達することを期待することはできないからです（Gamio 1926:126）。

こうした一連のガミオの言説には、インディオが「貧困と不正」の状況にあるばかりでなく、「文化的、知的遅れ」の状態に放置されてきたということが繰り返しあらわれる。そうしたインディオ理解は、人類学という「科学」によって導き出されている。しかしながら、これでは、バスコンセロスがインディオを調査することなく決めつけた「肉体と魂の空腹」の状態と同じではないか。もちろんこのことはたんなる偶然ではなく、ガミオやバスコンセロスら当時の知識人のあいだに、インディオは「肉体と魂の空腹」の状態にあるという前提がすでにあり、それが共有されていたということを示しているのではないだろうか。

バスコンセロスをはじめ多くの知識人が、メキシコあるいはラテンアメリカのアイデンティティを模索したこの時代に、ガミオもまた、19世紀のメキシコの芸術家や知識人がヨーロッパの模倣に終始したことを非難し、メキシコの真のナショナル・アイデンティティを構築すべきであると強調する。こうしたなかで、テオティワカンのピラミッドの復元にもみられるように、ガミオは、インディオの「実態」を明らかにするというよりもむしろ、声なきインディオの世界を、ナショナル・アイデンティティを構成する不可欠の要素として発見し、それをヨーロッパ起源のメキシコ人たちにとって理解可能なものとしようと試みた。いいかえるならば、インディオの世界をナショナル・アイデンティティに組み込むために「発明」あるいは「創造」していったともいえるのではないか[9)]。

いうまでもなく、さまざまな地域に多様な先住民集団が存在し、それらをすべて「インディオ」としてあたかも実体のある集団のごとくに論じることはできない。ガミオもそれを否定はしないが、つねにヨーロッパ起源の白人と土着のインディオという二項対立的な思考様式のなかで、インディオをヨーロッパの基準から「野生のインディオ」、「半文明化されたインディオ」などに分類し、それに「マヤ族」、「ヤキ族」など各民族をあてはめていく。そして、それぞれの身体的、言語的特徴、さらには精神的特徴までをも「科学」によって明らかにするという。そしてその結果は、つぎのようなものであった。

インディオの宗教的信条、芸術的傾向、産業活動、習慣、倫理的様相を調査し、それらを民族学的基準で実験的体系的に検討してみると、インディオはいきいきとした精神的態度を保持しているが、400 年遅れて生きているとみることができるだろう。彼らの知的表現は、先スペイン期に発展し、状況と環境によって変革されただけの知的表現の継続にすぎない（Gamio 1916:170）。

考古学的、人類学的、民族学的研究によって明らかになったとされることは、インディオは「精神的」にはいきいきとした態度を保持しているということ、そして、知的、文化的には400 年遅れて生きているということであった。知的、文化的に白人よりも遅れているとされたインディオは、革命を導くこともできず、「苦しむことを運命づけられ」、白人から手をさしのべられるのをまつ受け身の存在として措定された。そして、主体性がはじめから想定されていないインディオはみずから声をあげることもなく、彼らにとっての利益や必要性は白人の人類学者の調査によって決定され代弁され、それにもとづいて政策がつくられていく。換言するならば、人類学者がインディオにかんする知識を蓄えることは、受け身の存在とされる彼らを支配し統治することにほかならないのではないか[10)]。ガミオ自身も、そのことを十分に自覚していた。

論理的で権威ある基盤のうえで統治することを可能とするためには、統治しようとする住民の祖先、性質、機能をまえもって知ることが不可欠である。残念ながらわれわれには、そうした知識がいまだ不十分であり、表面的である（……）（Gamio 1935:6）。

繰り返し述べるように、ガミオは、インディオのおかれている「貧困と不正」の状態の是正、つまりは400 年もの長いあいだ続いた抑圧からの解放のために彼らを知ろうとした。そして、人種や文化には本質的な優劣の差がないとしながらも、歴史や環境にもとづく決定論によってインディオが知的、文化的に遅れているとし、だからこそ彼らの救済が必要であるという。ところがその救済の手は、インディオがメキシコの一員となろうとしたときに限り差し出される。それゆえに、たとえば国家の統一にとって障害となるインディオの各言語は、消滅することが望まれている。

ガミオにとって、「われわれのインディオ」を排除してのメキシコの統一はありえず、しかしながら、白人が「インディオ化」することによっての統一も絶対にありえない。つまり、彼らを白人世界に融合することによって救済することのみがメキシコのアイデンティティをつくりあげ、そしてメキシコの発展を保障する唯一の道なのである。いいかえるならば、インディオの救済は、逆にガミオらメキシコの白人にとっての救済となっていたのである[11)]。

## おわりに

本章では、ガミオが、ヨーロッパ中心主義、あるいは白人中心主義的な認識枠組みを問い直すことなく、声をあげることのない受け身の「インディオ」と、彼らに手をさしのべるべき「白人」という二項対立的な構図をもちながら、白人社会では知られていないとするインディオ世界を「科学的」に調査し理解することによって、それをメキシコのアイデンティティに取り込もうとしたことを明らかにした。とはいえ、彼がインディオの国民文化への一方的な併合をめざしただけであり、インディオにたいする偏見にとらわれていたため、インディオ世界の「本質」をとらえることができなかったとして彼の思想を非難することが本章の目的ではない。ガミオは、1940年の第1回米州先住民会議（Congreso Indigenista Interamericano）[12)]の開催にあたって中心的な役割をはたし、その後も米州先住民研究所（Instituto Indigenista Interamericano）の所長を務め、さまざまな国際会議に出席するなど、積極的に先住民問題に関与してきたことを考えると、彼のもつこうした認識様式が広く共有されていたということは想像に難くない。それゆえに、この問題をガミオの一個人の思想の問題とするのではなく、より広く当時の文脈のなかで問い直さなければならない。

先述のように、ガミオらが推進した20世紀前半の先住民政策は、官製インディヘニスモとして多くの批判がなされた。しかしながら、「ヨーロッパ」と「アメリカ」、「白人」と「インディオ」などといった二項対立的な認識枠組み、人種による区別や差別はいまなお根強く残っている。また、20世紀の前半のメキシコにおいてガミオやバスコンセロスらがつくりあげていった「メキシコ文化＝混血文化」といった言説が、われわれのメキシコ理解のありかたをある程度規定してきたともいえるだろう。そうしたことを考えるならば、ガミオの思想がもつ問題は、現代のわれわれがかかえる問題とも無関係ではないはずである。それゆえに、ガミオに限らず、この時代に生きた知識人がどのような認識の様式をもってこうした問題に取り組んだのかを明らかにしていくことがいまなお重要な課題となるであろう。そこで、次章においては、ガミオとともに1940年の米州先住民会議を組織したサエンスを取り上げたい。

**注**

1) 壁画運動とは、大統領府や公教育省をはじめとする公共機関や学校の建物の壁に、メキシコの画家たちがさまざまな絵を描いたメキシコ独自の芸術運動である。バスコンセロス公教育大臣のもと、1920年代からはじまり、ディエゴ・リベラ（Diego Rivera 1886-1957）、ホセ＝クレメンテ・オロスコ（José Clemente Orozco 1883-1949）、ダビ・アルファロ＝シケイロス（David Alfaro Siqueiros 1896-1974）など多くの画家たちがこれに参加した。詳しくは加藤 1988を参照のこと。
2) メキシコのインディヘニスモにかんしては、20世紀前半、とりわけカルデナス政権時代に積極的に推進されるようになった対先住民政策を家父長主義的、恩情主義的な性質をもつ官製インディヘニスモとし、それを先住民の一方的な同化政策として批判的にとらえる見方がある（たとえば、飯島 1993）。とくに1960年代後半以降に顕著となってきたメキシコ国内の人類学者などによる官製インディヘニスモ批判にかんしては、小林 1983bを参照のこと。
3) 同様の主張は、同じくGamio 1926:10, 16, 129、Gamio 1935:6などにもみられる。

4) ゴンサーレス＝ガミオによると、ガミオとバスコンセロスのあいだで、インディオにたいする見解の相違から激しい議論がかわされたという（González Gamio 1987:124）。しかし残念ながら、その具体的な内容については言及されていない。
5) 柳原は、20世紀初頭のラテンアメリカ知識人のあいだで支配的であった人種、歴史、環境などによる決定論がフランスを中心としたヨーロッパの思考形態であると述べる。そして、サムエル・ラモス（Samuel Ramos 1897-1959）を例に、メキシコにおいてこうした思考がいかに根強かったかを指摘し、こうした人種論、決定論をアルフォンソ・レイェス（Alfonso Reyes 1889-1959）が批判していたことに注目する（柳原 1995:50-51）。
6) ガミオは、べつのところでもこうしたステレオタイプともいえるインディオのとらえかたをして、インディオはほかのどの人種とも比肩しうる知的態度を有するとしながら、「インディオは臆病でエネルギーと熱望に欠け、〈理性の人〉白人の侮辱と嘲笑をつねにおそれている」（Gamio 1916:32、かっこ内ガミオ）と述べる。
7) 当時の言語教育政策については、小林 1982, 1983a, 1985、Brice Heath 1997などを参照のこと。
8) ガミオは、主著『祖国をつくる』のコンセプトを要約するとこのようになるとして、同書をしめくくっている（Gamio 1916:325）。
9) ペレス＝モンフォルトは、インディオのステレオタイプが、1920年から1940年というメキシコのナショナリズム高揚期に、とくに大衆文化のなかでどのようにつくられてきたかを論じている（Pérez Montfort 1994）。
10) サイードは、知識をもつということがその対象となったものを支配することであると論じている（Said 1994:32）。
11) 大橋は、サイードの「オリエンタリズム」にかんする論考のなかで、「オリエンタリズム」のディスクールを「認知しつつ（知のディスクール）、それによって抑圧を準備するもの（権力のディスクール）」とし、それは、「オリエント」を過去の栄光へ、あるいはアジア的専制から解放するレトリックであると同時に、疲弊し大敗した西欧を救済する鍵を「オリエント」に求めるレトリックでもあると指摘する（大橋 1995:137、かっこ内大橋）。
12) 第1回米州先住民会議は、1940年、ガミオや次章で取り上げるサエンスらによって、メキシコのミチョアカン州パツクアロ（Pátzcuaro）において開催された。そのさい、米州先住民研究所の創設が決議され、サエンスが暫定所長に就任する。その後、1941年、サエンスが大使として赴任していたペルーのリマにおいて死去したのち、ガミオが正式な研究所所長に就任した。1948年には、パツクアロにおいて締結された協定にもとづき、メキシコ国内の先住民問題を専門にあつかう国家機関として国立先住民研究所（Instituto Nacional Indigenista）が設置された。

# 第3章　モイセス・サエンスの「インディオ」統合のための実験

## はじめに

本章では、19世紀末から20世紀にかけての世紀転換期のメキシコ支配層にとって、かたや「内なる野蛮」の脅威として存在しながらも、一方でメキシコの独自性の一要素として注目されるようになったインディオが、この時代にどのように認識され、どのようにメキシコの「独自性」のなかに組み込まれていったのか引き続き検討したい。とくに、ガミオとともにメキシコの先住民政策、とりわけ農村教育に深く関与したモイセス・サエンスの思想や教育実践に焦点をあてる。

サエンスは、プロテスタント信者であった両親のもとに育ち、プロテスタント系の学校で教育を受けた[1)]。その後、ベラクルス州ハラーパ（Jalapa）にあるベラクルス師範学校（Escuela Normal Veracruzana）を卒業して教員資格を取得したのち、アメリカ合州国の大学に留学し、帰国後は教職に就く。1920年代前半には、パリおよびニューヨークにある大学院において哲学や教育学を学ぶが、とくにアメリカ合州国のコロンビア大学で教鞭をとっていたジョン・デューイ（John Dewey）のもとで研究に従事したことは、のちのサエンスの教育活動に多大な影響を与えた[2)]。サエンスは、デューイの進歩主義教育（progressive education）をメキシコに導入した教育者として知られる（Britton 1972:78）。

1924年、公教育省の事務局長（Oficial Mayor）に就任し翌年には同省の次官に昇格したサエンスは、バスコンセロスのあとを引き継ぎ、「農村学校（Escuela Rural）」の制度化、「先住民学生の家（Casa de Estudiante Indígena）」の設置など、農村教育政策をさらに発展させる。とくに注目すべき活動のひとつとして、1932年、ミチョアカン州のカラパン（Carapan）という村において、先住民を統合するための実験的な教育活動をおこなっている。本章では、こうしたサエンスの教育実践をつうじて、インディオがメキシコのナショナリズムにおいてどのような位置を与えられたのか、インディオを国家に統合するための具体的な実践の場としての教育がどのような役割をはたしていたのかを明らかにする。

## 1.「死せるインディオ」から「生きるインディオ」へ

これまで述べてきたように、19世紀後半のメキシコの支配層がもっていた西欧志向は、ヨーロッパ諸国を頂点とする社会の発展段階にもとづく世界認識を受け入れ、社会進化論にしたがい「西欧化」することで、メキシコもヨーロッパ諸国と同様の発展した近代国家へといたるという期待に根ざしていた。しかしながら同時にそれは、ヨーロッパ諸国に比してメキシコが「遅れた」発展段階にあるということを自覚させられることにもつながる。そして、彼らがその「遅れ」の大きな要因のひとつとしてとくに問題にしたのが「人種」であった。当時のラテンアメリカでは、19世紀のヨーロッパで成立した骨相学、生物学、犯罪学、人類学、心理学などのさまざまな「科学」や「学問」において論じられてきた人種論に強い影響を受け、それをもとにラテンアメリカにおける人種が問題化されてきた[3)]。

白人をもっとも優秀な人種とし、その対極に黒人を位置づける白人中心主義的な西欧科学は、上述したさまざまな分野において黒人やインディオを「劣等人種」と位置づけ、白人と有色人種とが混血することは、人種の「退化」をまねくと主張した。すなわち、混血人種が数多く存在するラテンアメリカ社会は「堕落した」社会であり、メキシコの「後進性」は「劣等人種」であるインディオが多数存在し、また、白人とインディオとの混血が進行してきたことに起因すると考えられたのである。しかし、当時の知識人層のなかにも、インディオの「劣等性」を人種そのものではなく、インディオの住む生活環境や食生活、あるいは教育など、物理的、社会的、経済的要素に起因するととらえるものもあった。とはいえ、人種決定論あるいは環境決定論いずれの立場も、インディオを白人とは異なる「劣った」あるいは「遅れた」人種と措定し、さらにそれを国家の発展を阻害する要因であるとして、メキシコにとっての負の存在としてとらえていたことにかわりはない。こうしたインディオの「劣等性」、「後進性」の問題は、ディアス独裁体制が崩壊したあとも繰り返しあらわれてくる。

植民地時代から独立を達成したのちも引き継がれてきたインディオの「劣等性」の問題は、19世紀後半になると西欧科学の基準によって分析され論じられるようになるが、その一方で、一見するとインディオを称揚する動きがあらわれてくる。具体的には、ディアス政権下においてみられるようになったアステカやマヤといった先スペイン期の遺産にたいする考古学的な関心の高まりがあげられる。この時代には、国立博物館、国立図書館、国立古文書館が再編され、なかでも国立博物館の整備が急速に進み、考古学的遺産の保護にかんする法律が整えられていくとともに、考古学、民族学、人類学などにもとづく国内の先住民の調査がはじまる。そして、調査によって発掘、収集された先スペイン期の遺産がメキシコ各地から集められ、その展示がおこなわれるようになる。さらに、そうした活動は、アメリカ合州国を中心とした海外の大学と協定を結ぶなど国際的な協力関係の構築へと展開し、遺跡の調査がさかんに進められるようになる（Florescano 1993:153-156）。また、19世紀後半に欧米各地においておこなわれた万国博覧会にアステカやマヤの神殿をモチーフとしたパビリオンを建設するなど[4)]、先スペイン期の遺産をメキシコ国内だけではなく海外にも積極的に展示していく。すなわち、当時の支配層は、メキシコのアイデンティティの一部をなす重要な要素としてインディオの存在を肯定的に評価し、そのことをメキシコ内外に表明しようとしたのである。

しかしながら、「西欧化」を強く志向し、「パンと棍棒（pan y palo）」と呼ばれた「アメと鞭」による独裁体制を確立したディアスは、その時代に生きていた先住民の文化や権利の擁護をめざしていたわけではなかった。さきに述べたように、当時の先住民は都市の白人層に比べて劣っている、あるいは遅れているととらえられ、それがメキシコの近代化の妨げになっていると考えられていた時代にあって、先スペイン期の遺産の発掘、調査、そしてその保護にみられるインディオへの注目は、かつて「偉大な文明」を築いた「過去のインディオ」だけに向けられていたのであり、現実に生きている先住民にたいしてではなかった。つまり、メキシコのナショナリズム高揚期において、ナショナル・アイデンティティの重要な一要素として積極的に取り込まれたのは、その時代に生きる「遅れた」インディオではなく、かつての「偉大な」インディオだったのである[5)]。

また、この時代のメキシコでは、考古学や人類学などの分野においてインディオが注目されただけではなく、芸術の分野においてもインディオへの関心が高まりはじめる。たとえば、メキシコの農村部の日常生活やアステカ時代の様子が絵画や演劇の題材とされるなど、それまで取り上げられることのなかった「インディオ」が芸術の分野においても積極的に取り入れられるようになる。ただし、ここで注目されたのは、かならずしも現実に生きる実態としてのインディオではなく、ヨーロッパとは異なる「エキゾティックな」インディオ、近代化による弊害を被ることなく昔からの素朴な生活を営んでいる「理想的な」あるいは「気高い」インディオの姿であった（加藤 1988:29-38、落合 1996:56-59）。

こうして19世紀後半、インディオは、かつて「偉大な文明」をメキシコの地において築いた英雄として、また、文明社会から隔絶した理想化された姿として「発見」あるいは「創造」されていくのである。しかしながら、20世紀になると、そうした「過去」や「理想」のインディオを称揚しながらも、一方で現在に生きる先住民を抑圧ないしは無視するようなインディオのとらえかたにたいする批判が出されるようになる。たとえば、サエンスは、ナショナリズム高揚のためにディアス体制のもとで推進された先スペイン期の研究にたいして、皮肉っぽい調子でつぎのように批判すると同時に、ロマン主義的なインディオへの興味にたいしても否定的な見解を示す。

> わたしは、科学的調査の材料としてのインディオ、また、博物館のショーウィンドウの候補者、あるいは知の冗長なカタログの候補者としてのインディオにはほとんど興味がないということを告白しなければならない。(「最良のインディオとは死んだインディオである」という言い回しにたいして）反対にわたしは、生きたインディオを好む。考古学や人類学、民族学の重要性を認めることはいうまでもないことだが、それらは少なくともわれわれにとって、独自の目的をもった学問であるよりも、メキシコの社会学のための情報源であるべきだと思う。(……）確かにわれわれは先住民の過去にたいしてロマンティックなセンチメンタリズムを抱いている。幸運にもわれわれは、血管に流れるインディオの血を恥じることはなかった。(……）しかし、これらはすべて不毛で一時的なセンチメンタリズムにすぎなかった。搾取するものは思う存分搾取し、インディオにとって正義は存在しなかった（Sáenz 1982:163-164)。

サエンスにとって、先スペイン期の研究は「現在」と切り離しておこなわれるのではなく、今に生きるインディオの理解とその生活の向上に資するかたちでおこなわれなければならなかった。そうした考えかたの根底には、実際に生きているインディオがおかれている状況に関心を払わない当時のメキシコ支配層や知識人層にたいする批判が込められていた。そして、インディオの過去の一部を称揚するような立場やインディオを理想化する立場を否定し、インディオの「現在」を重視しようとするサエンスもまた、ガミオと同様に、インディオを生物学的に「劣等」であるとしたそれまでの人種決定論に与することはなかった。すなわち、インディオを生物学的には白人と同等の能力をもつ人種ととらえ、生物学的な相違ではなく、インディオのおかれた環境や歴史が彼らを白人層に比して「遅れた」

状況に追いやったとサエンスも考えたのである。そして、さきの引用にもあるように、インディオは、それまでの支配層による搾取によって経済的にも社会的にも周辺に位置づけられ、そこには正義が存在していないとサエンスは告発する。1926年、シカゴ大学でおこなわれた講演において彼は、ディアス政権の先住民政策を批判してつぎのように述べている。

> ディアスとその専門家集団は、物質的な繁栄をもたらしましたが、ひとつの農村学校も開設しませんでした。メキシコ・シティにおいてさえも、何千もの子どもたちが、彼らのための学校がないという理由から学校へは行きませんでした。非識字率はますます高くなりました。貧困と隷属の状態が農民の運命でした。インディオは、ただちに利用できる場合の人的な搾取の計画を除いては、災難として、負担としていつも考えられてきました（Sáenz 1926:83-84）。

インディオの「現在」に関心を示すサエンスは、インディオ居住地域が都市から遠く離れ、交通や通信手段が欠如しているため孤立状態にあるなど、彼らを取り巻く環境がインディオ社会の発展を遅らせたと考えた。それに加えて、植民地時代をつうじて抑圧されてきたインディオ社会の発展にかんして、ディアス政権が適切な対策を講じてこなかったためにその抑圧の状況が温存され、インディオ社会の遅れを解消することができなかったと批判する。そして、インディオを白人社会とは無関係な集団、あるいはメキシコ全体の発展にとっての「重荷」としてきたそれまでのインディオ観にたいして、インディオを自分たちの身内と認識するようになるのである。

サエンスは、「メキシコ一家（familia mexicana）」という表現を繰り返し、その家族の一員としてインディオを迎え入れようとする。つまり、白人同様メキシコ人であるべきインディオは、長年の搾取と抑圧のなかに苦しみ、あるいは都市の白人社会によってのみ享受されてきた「文明」から疎外されてきたためにみずからの発展が妨げられてきたが、彼らはメキシコにとってけっして負の存在ではなく、白人と同じ「メキシコ一家」の一員であるとされたのである。しかしながら、ここで留意しておかなければならないことは、こうした立場においても、インディオが都市の白人層に比べて経済的、社会的、文化的に「遅れた」状態にあり、その「遅れ」を解消して白人と同じく「文明」を享受するにいたるためには、サエンスら白人層による救済が必要であると考えられていた点である。

## 2.「幼子」インディオから「メスティーソ」へ

ガミオやサエンスは、先住民のおかれている抑圧状況を告発してその改善を標榜していることから、先住民の文化や人権の擁護を訴える社会的、思想的潮流であるインディヘニスモの立場にあるとされる。一方、ふたりと同時代に活躍したバスコンセロスは、先住民の文化を全面的に否定することはないまでも、それを重視することなくスペインがメキシコに与えた影響のほうを高く評価していた。そして、インディヘニスモについて、メキシコに影響力を拡大しようとするアメリカ合州国の陰謀であると断じてそれを厳しく批判する。バスコンセロスのこうしたインディヘニスモ批判にたいして、サエンスはつぎのように反論している。

> インディヘニスモの潮流を「ポチスモ（pochismo アメリカ合州国かぶれを意味する）」と同定する怒り狂ったバスコンセロスの主張は、明らかにばかげている。反対に、先住民の上昇に忠実なメキシコは、たんにヨーロッパ化されたものよりも帝国主義にたいして堅固である（Sáenz 1966:185）。

アメリカ合州国がカリブ海地域やラテンアメリカ諸国に影響力を伸ばそうとする時代にあって、バスコンセロスもサエンスもともに、それを帝国主義の脅威として強い警戒心をもっていた。サエンスは、そうした脅威をまえにして、先住民にたいする配慮のないまま「西欧化」をめざすよりも、

「現在に生きるインディオ」に発展の道を開いていくほうが、帝国主義諸国に対抗しうる強固な国家を建設するためにはより効果的であると指摘する。こうして、19世紀後半から続くメキシコのナショナリズム高揚期において、「過去に生きたインディオ」だけではなく、さらに「現在に生きるインディオ」までもがメキシコを構成する重要な一要素として組み込まれていく。先住民にたいするディアス体制下の支配層の姿勢を批判しそれと決別したかにみえるサエンスも、メキシコの国民統合、ナショナル・アイデンティティの構築に「インディオ」を取り込むという意味においては、以前と同じ流れのなかにあったといえるだろう。

そこで問題となるのは、サエンスが「生きるインディオ」を「メキシコ一家」の一員としてとらえようとするとき、インディオが「一家」のなかでどのような位置を与えられていたのかという点である。サエンスはその点にかんして、「インディオをメキシコ一家へ併合せよ。しかし同時に、メキシコをインディオ一家へ併合せよ」（Sáenz 1982:191）と述べるが、彼のいう「メキシコをインディオ一家へ併合する」とはどういうことだろうか。もちろんここで彼が主張していることは、メキシコ全体をインディオ社会へと回帰あるいは変容させることを意味しているわけではない。彼は、みずからがかかわったカラパンにおける実験学校にかんする報告書のなかで、都市の生活に同化したインディオを「兄」とし、都市から遠く離れた地域に住みスペイン語を理解しないインディオを「貧困と無知にあえいでいる弟」と表現し、「兄」に「弟」の存在を忘れるなと説く（Sáenz 1966:165-166）。また、同じ報告書において、サエンスは、メキシコ・シティから実験学校のある地域に戻ったときの人びとの様子にかんして、みずからを年長者にみたててつぎのように記した。

> わたしは10日間メキシコ・シティにいた。今では自分自身の故郷に帰り仲間に会うようだ。（……）彼らは愛情をもってわたしを迎えた。その出迎えにはどことなく悲壮なところがあった。すべての「わたしのインディオたち」は、老いも若きも女性も子どもも、年上の

ものがいないあいだお行儀よくしていた子どものようなほほえみをわたしに浴びせた。誇らしげに進歩発展のすべてを自慢した（Sáenz 1966:109）。

サエンスが「インディオをメキシコ一家へ、メキシコをインディオ一家へ併合せよ」というとき、その根底にあったものは、都市に住む自分たち白人と、都市から遠く離れた地に住むインディオとが対等の立場からお互いが歩みよることでメキシコをつくりあげるという発想ではなかった。そこにみられるのは、自分たちよりも発展の「遅れている」インディオを、自分たち白人の段階に一気に引き上げることは困難であり、したがって白人がインディオに近づくことによってインディオを救済しようという思いであった。

彼は、インディオにたいする公的な援助が、インディオを年少者として、あるいは無能者としてみなすことによって温情主義的な活動になることは誤りであると述べている（Sáenz 1966:198-199）。しかし、「兄弟」の比喩を使ってインディオのあいだに成長段階の違いをみるように、あるいはさきの引用からもわかるように、彼の「メキシコ一家」という主張には、都市の白人を頂点とした「一家」内の構成員の序列化がはっきりとみてとれる。インディオの統合をメキシコ全体の社会問題とするサエンスは、その問題にたいする「責任はすべてわれわれのもの」（Sáenz 1966:178）であるとするが、インディオの発展にかかわる問題に取り組むべき行為主体として措定されているのはサエンスら都市白人層であった。つまり、メキシコをインディオ一家へ併合するのは、兄あるいは父である年長者、すなわち都市化したものや都市の白人層が、弟あるいは幼子であるインディオの成長を助けるためだったのである。そして、年長者からのはたらきかけをまつ受け身の存在とされたインディオ自身は、メキシコ一家のなかの年少者として下位に位置づけられた。

とはいえ、インディオの価値を認めようとするサエンスが、インディオの一方的な白人文化への統合を唱えているわけではなかった。メキシコを

「西欧化＝白人化」するのでもなく、また逆に先スペイン期に回帰して「インディオ化」するのでもないメキシコ独自の発展のかたちとして彼のめざした社会は、白人とインディオが融合することでできあがるあらたな社会であった。サエンスもまた、有色人種は劣等であり、有色人種と白人との混血は人種の退行をまねくとする西欧の思想や学問において主張されていた白人優位主義の人種論を否定する。そして、アメリカ大陸で進んできた人種や文化の混淆を「退行」ととらえるのではなく、メキシコの独自性として積極的に認め、さらにそれを推進していくことで帝国主義諸国に対抗しうる国家へと発展することが可能になると考えたのである。

バスコンセロスの『宇宙的人種』に代表されるように、この時代にラテンアメリカの一部の知識人層において積極的に語られるようになった混血論[6)]は、当時、とくに欧米において否定的にとらえられていた混血をラテンアメリカの「現実」として肯定的に受け入れようとするものであった。ただし、そこにはラテンアメリカあるいはメキシコの社会が、欧米諸国と同等の発展段階にあるという発想はない。混血論者たちは、メキシコの「後進性」を否定することなくそれを認め、メキシコが遅れていることの原因を混血に求めたのである。インディオにたいしてバスコンセロスとは異なる立場をとるサエンスも、混血をめぐっては同様の主張をする。すなわち、メキシコは、人種、民族、地理、気候などさまざまな点において多様であり、また、その多様性がひとつに収斂していく「混血化」のプロセスの過渡期における「カオス」の状態にあるととらえたのである。そのため、メキシコは、統一国家の形成が遅れ、欧米諸国と比べて発展が進まなかったとしてメキシコの現状をつぎのように述べる。

> 物質的、精神的統一のための進歩にかかわらず、また、(……) 疑いもなく統合の要因となる国民性の要素にもかかわらず、メキシコの場面をみるならば、われわれの国家は、統一された国家（nación）であるというよりも、むしろ分割された国（patria）であると認めざるをえない。(……) 社会的なもの、民族的なもの、知的なもの、さらに

は経済的なものにおいてさえ、われわれはバラバラであり、あるいは轢轢のなかにいる（……）（Sáenz 1982:188-189）。

サエンスはこのように述べて、メキシコが統一国家になる可能性を秘めていながら、現段階においてはさまざまな側面において分裂しており、しかもそのことによって軋轢が生じていることを問題とした。そして、黒人や先住民を排除してきたアメリカ合州国と対比して、メキシコが表面的には「型のない多様性」の国であり、「カオティックな」世界であるかにみえると指摘し（Sáenz 1982:17）、そうした状況をつくりだした要因のひとつを、アメリカ大陸への人類の移動とその交配の歴史に求めた。さらに、「新大陸発見」のはるか以前から移動や集散を続けるさまざまな先住民と、ヨーロッパからアメリカ大陸へ流入してきた多くの移民とが混血することでメスティーソが誕生したという歴史観にもとづいて、メスティーソをつぎのようにとらえた。

メスティーソは、交配であり混合であるが、精神的統合のプロセスが雑種の肉体に魂を与えたときのみ統一の要因となる。それにいたるあいだは、反抗的で短気なメスティーソは対立や軋轢の要因である（Sáenz 1982:23）。

「対立や軋轢の要因」としてのメスティーソは、「形成の時期を通過したばかり」（Sáenz 1982:40）であるため一時的なものであり、また「カオティック」にみえるのもあくまでも表面的なものにすぎず、「雑種の肉体（cuerpo híbrido）」に「魂」が与えられることで統合へ向かう要因となるという。そしてサエンスは、白人とインディオとの混血をメキシコの型であるとして、その特徴をどちらか一方の要素に求めることなく、また、両者が混在するモザイクのような状態とするのでもなく、両者の融合による「あらたな創造」にみいだそうとした[7]。

> たんなる寄せ集めではなく、独立した個々の単純な合計でもなく、いきいきとしたあらたな創造であり、成長し、普及することが可能である（Sáenz 1982:36）。

さらにサエンスは、「人種の混淆は不利益よりもほとんど理想となった」（Sáenz 1982:180）として、混血を「理想」にまで高めた。すなわちサエンスにとって「混血」とは、メキシコの遅れの原因でありながらも、同時に未来にたいする大きな期待となっていたのである[8)]。「メキシコ一家」のなかの「幼子」とされたインディオは、当然のことながらメキシコにとって肯定的な価値を有しており、この時代になるとその発展にますます関心が向けられるようになる。サエンスにとってインディオの発展とは、その価値を生かすかたちでメキシコ一家へと統合されてメスティーソとなることであり、それが未来のメキシコの発展を約束するものと考えられたのである。そして、その混血を実践する場こそが学校だったのである。

## 3.「混血化」の実験

第2部において詳しくみるように、農村部や山間部を含めたメキシコ全土へと学校教育が本格的に普及しはじめるのは、1910年に勃発した革命の動乱期が一段落した1920年のオブレゴン政権の誕生を待たなければならなかった。もちろん、19世紀後半、「生きるインディオ」にも教育を与えることの必要性が主張されなかったわけではない。しかし、公教育の権限が州や市などの地方自治体にあったため、地域によって公教育にたいする取り組みも大きく異なっており、全国に等しく公教育がいきわたることはなかった。そうした状況のなかで、1920年代に公教育が急速に拡大した理由は、中央の連邦政府が先住民の多数居住する農村地域において、教員を派遣して学校を設置しはじめたことにある。そこには、欧米諸国に対抗しうる統一国家の形成をめざし、先住民を取り込んだかたちでの「国民」の育成を模索するという国家指導層の強い意図があった。

この時代、政府が先住民教育に力を入れようとした背景には、サエンスが、ディアス政権において「死せるインディオ」が政治的に利用されてきたことを批判して「生きるインディオ」に注目したように、インディオをどのようにとらえるかその認識のしかたに転換があった。ディアス体制下での科学的実証主義の時代のなかで生物学的に劣るとされた「生きるインディオ」は、メキシコの発展の「重荷」とされ排除または無視される傾向にあった。ガミオやサエンスは、そうしたインディオ観を否定し、インディオを「人種的劣等」ではなく「文化的遅れ」ととらえ直すことによってインディオの「進歩」の可能性をみいだし、インディオに教育を与えることの意義を認めたのである。ただし、ここで留意しなければならない第一の点は、この時代、インディオの生物学的な「劣等性」が完全に否定されたわけではなく、インディオがメキシコの近代化に貢献する人材になりうるかどうかが引き続き疑問視されていたということである。

インディオの能力を疑問視するようなとらえかたが根強く残っていたことは、1920年代の国家による強力な公教育の組織化が推進された時代にいたっても、インディオがはたして「文明」を受け入れるだけの能力を有するかどうかを見極めるための調査や実験が教育機関においておこなわれたことからもみてとれる。たとえば、インディオの能力を調査するための象徴的な教育機関として考えられるのが、「先住民学生の家」である。これは、サエンスが公教育省次官に就任した1925年、当時の公教育大臣ホセ＝マヌエル・プイグ＝カサウランク（José Manuel Puig Casauranc 1888-1939）によって創設され、1932年以降、寄宿学校にかわるまで運営された先住民を対象とする農村教師養成のための機関であった。そこには、各先住民集団から代表となる若者がメキシコ・シティの「先住民学生の家」に集められ、彼らにスペイン語教育や識字教育とともに近代的な生活習慣を身につけさせるための指導がおこなわれた。この機関の目的は、こうした教育や指導をつうじて、出身地において活躍する指導者となる教師を育てることであった。その結果は、都市での生活習慣を身につけた先住民の若者たちが出身地に帰ることなく都市に残ったため失敗に終わったとされる。しかし、問題となるのはそうした「失敗」ではない。

この「先住民学生の家」は、農村教師養成を目的としてはいたが、その内実はさきにも述べたように、インディオが「近代文明」を受け入れることが可能かどうかを調べるための実験機関でもあった。メキシコの教育史家ローヨ＝ブラーボは、この実験機関をメキシコ教育史における先住民教育の負の部分であるととらえ、そこでおこなわれたインディオにたいする検査や実験を批判してつぎのように述べる。

> 学生の家における生活の2年目からは、生徒たちはさまざまな身体的、精神的検査や多くの病気予防の検査にかけられた。体重や身体が測られ、胸囲まで測定されたのだ。たとえ、これらの検査が最高の善意からおこなわれたにせよ、種の純粋さを決定するためにあらゆる動物におこなわれる検査に似たことが人間にたいしておこなわれたということは腹立たしい（Loyo Bravo 1996:110）。

ここでわれわれが注目すべき点は、農村教師養成という名目で設立された機関において、先住民が「近代文明」を受け入れメキシコ国家へ統合されうるかどうか、「生きたインディオ」を対象にさまざまな検査や実験がおこなわれたということである。1927年に公教育省から出版された『先住民学生の家』と題する報告書には、「インディオにたいする集団的心理実験における16ヶ月間の活動」という副題がつけられたことに象徴されるように、この「家」が先住民にたいする実験機関であったことがわかる。そこには、とくに19世紀後半、人種による優劣を明らかにしようとした「科学的」な視線と共通する支配層のインディオのとらえかたが継承されている。そして、こうした視線は、「先住民学生の家」の「失敗」をふまえて、インディオを都市に集めるのではなく、逆にインディオの多く住む地域にその実験の場所を移して引き継がれていくことになる。

1932年に「先住民学生の家」が閉鎖されると、それにかわる機関を模索するなかで、前述したミチョアカン州のカラパンにおいて「先住民統合実験局（Estación Experimental de Incorporación Indígena）」が組織されることとなった。その中心的な役割をはたしたサエンスは、言語学者、民族学者、経済学者、医師、心理学者、農学者、教師など、各分野の専門家たちを組織し、都市から隔絶され「近代文明」の浸透が困難な地域でもなく、また、すでに近代化が進んだ都市近郊の地域でもなく、「インディオからメキシコ人になるまさにその点」（Sáenz 1966:1）にある地域を選んで調査地とした。サエンスは、その目的として、インディオ統合のための社会人類学的調査と、インディオ居住地域における経済的、社会的、文化的発展のための活動計画の実施をかかげ、「こうした活動は、社会活動と科学的な実験の二重の目的に役立つだろう」と述べた（Sáenz 1966:22）。この実験局においても、「先住民学生の家」同様、身体測定や心理的な検査や調査がおこなわれたことが、サエンス自身によってその報告書のなかで記されている。

カラパンの実験局は、インディオ社会の発展のための社会活動であると同時に、インディオ統合のための「科学的実験」の場としても位置づけられていた。こうした実験は、「先住民学生の家」やカラパンの実験局にはじまるのではなく、ガミオによる1917年のテオティワカン地域の社会調査が前例となっていたことが、サエンスの実験局にかんする報告書の1966年度版の序文を書いたカスティーリョによって指摘されている（Sáenz 1966:XXV）。また、1920年代前半のバスコンセロスの時代に組織され、サエンスが公教育省次官であった1920年代後半に拡大した「文化伝道団（Misión Cultural）」もこうした実験局と同様の役割をはたしていたと考えられる[9)]。

20世紀になって繰り返されるこのような調査や実験は、「人種」としてのインディオの能力よりも、彼らを取り巻く環境を問題とするようなインディオ認識がだんだんと広まるなかで、いぜんとして「人種」が問題とされていたことを示している。しかしながら、生物学的、心理学的検査以外にも、さまざまな社会的調査がおこなわれたことからもわかるように、サエンスらの活動は、インディオのおかれた環境の改善により重要性をみいだそうとする試みでもあった。その結果、農牧業や小規模工業の促進、衛生状態の改善など、スペイン語の読み書きなどの基礎教育だけではなく、むしろ広い意味での社会改良、生活水準向上のための活動に重点がおかれるようになる。そこにみられるのは、現在に「生きるインディオ」を生物学的に「劣等」であるとする19世紀的な認識を引きずりつつ、同時に、経済的、社会的、文化的「後進性」を広い意味での教育によって克服できるとする支配層のインディオ社会にたいする認識である。そして、もはやメキシコ社会から排除することの不可能なインディオを教育という名のもとの社会改良によって、「近代文明」を担う「メキシコ人」につくりかえることにメキシコの発展の可能性をみいだそうとするメキシコ支配層の農村教育にかける思いをみてとることができる。

しかしながら、その結果、サエンスがインディオに発展段階の相違をみいだし、みずからを年長者とみたてたことに象徴されるように、都市の白人支配層を頂点とするメキシコ人の社会的、文化的序列化がつくりだされた。「生きるインディオ」に期待をかけ、国家へ取り込もうとする支配層の意図に留意すべき第二の点はここにある。つまり、「人種」による序列化を完全には払拭しえないまま、さらに「文化」による序列化がおこなわれるようになる。サエンスがめざした混血によるインディオの「メキシコ人化」は、結果として、「人種」だけではなく「文化」においても二流あるいは三流のメキシコ人を生み出すこととなったのである。

## おわりに

日本におけるナショナリズムと教育の関係を論じた中内は、日本の国権的ナショナリズムを「双頭のわし」という比喩で表現した。すなわち、国権的ナショナリズムは、「同質的平等化のもとでの一流、二流の区別」をつくりだし、平等化と差別化の両者を使い分けていくところに、その「したたかさ」と「強さ」の秘密があるという（中内 1985:205）。メキシコの先住民教育においても、「混血化」という「同質的平等化」と同時に二流、三流のメキシコ人を生み出す「差別化」がおこなわれた。メキシコの場合、支配層が自国の独自の「原理」なるものを模索しつつも、西欧中心主義的な近代化のありかたを相対化することなく、多様な文化をもつ先住民族を一括して「インディオ」と呼び、それを白人と対比するような二項対立的な認識枠組みが「新大陸発見」以降引き継がれてきたことにその原因の一端をみいだすことができるだろう。

本章で取り上げたサエンスをはじめ、ガミオなど当時のインディヘニスモの流れに属する知識人は、19世紀から20世紀前半にかけてさかんに論じられたインディオの「人種的劣等性」を否定しながらも、その「文化的後進性」を問題としてインディオの「文明化」の可能性を主張する。しかしながら、それは、「人種」という分類法を「文化」に置き換えることによって、「白人文化」の優位性と、そうした認識を可能にする「白人」対「インディオ」という二項対立的な枠組みをさらに固定化することとなった。「人種」から「文化」への認識枠組みの移行は、排除ではなく教育による同化へと結びつき、結局それが「同質的平等化のもとでの差別化」への道を開いていく。1960年代後半以降、表面的には文化多元主義をかかげて、二文化二言語教育（educación bilingüe bicultural）を導入し、さらに、1990年代からは二言語文化間教育（educación intercultural bilingüe）を進めている現在のメキシコにおいても、そうした問題はいまだに続いているのではないだろうか[10)]。

しかしながら、1994年のチアパス州における先住民の武力蜂起にみられるように、先住民側からの国権的ナショナリズムに対抗しうる運動も起こっている[11)]。また、武力によらないまでも、うえからの近代化にたいして、みずからの社会を再編しながらそれをしたたかに生きぬいていく先住民の近代化へのかかわりかたの研究も出されている[12)]。メキシコの「混血論」を同質的な文化への同化論として批判的に読み解くことはいまなおその重要性を失ってはいないが、それを支配層からの一方的な国民統合の問題に限定するならば、さきに批判した「白人」対「インディオ」という二項対立に陥ってしまう。「メスティーソ化」＝「メキシコ化」という国家によるうえからの近代化のなかにあって、それを生きた人びとによる近代化をも視野に入れた歴史の再検討が重要となるであろう。その点については、第3部においてさらに論じたい。

**注**

1) サエンスのプロテスタント信者としての活動については、大久保 2005、とくに第8章を参照のこと。
2) サエンスは、デューイがメキシコを訪問するにあたってつぎのように述べている。

> ジョン・デューイがメキシコを訪問したときには、彼の考えがわたしたちの学校において作用していることがわかるでしょう。動機づけ、人格にたいする敬意、自己表現、学校活動の活性化、プロジェクト・メソッド、なすことによって学ぶ学習、教育における民主主義、デューイのすべてがそこにあります（Sáenz 1926:78）。

3) たとえば、フランスの作家、外交官アルチュール・ド＝ゴビノー（Arthur de Gobineau）の『人種不平等起源論』などが、ラテンアメリカにおいても広く読まれていた。
4) ディアス政権と欧米でおこなわれた万国博覧会との関連については、Tenorio-Trillo, Mauricio, *Mexico at the World's Fairs: Crafting a Modern Nation*, Berkeley/Los Angeles: University of California Press, 1996、第1部、吉田光邦『図説万国博覧会史―1851-1942』思文閣出版、1985、p.75を参照。
5) この点にかんして、メキシコの哲学者ビリョーロは、「16世紀のアステカは同盟者となることができたが、鉱山や農場で搾取されているインディオはたんに敵であっただろう」と指摘する（Villoro 1984:180）。また、落合は、19世紀の支配者によるインディオの政治的な利用を「アステカ主義」と呼び、「ディアス時代における良きインディオとは死んだ先住民だったことを示している」と述べる（落合 1996:58-59）。
6) たとえば、ブラジルのジルベルト・フレイレ（Gilberto Freyre 1900-1987）は、ブラジルにおける混血の重要性を指摘している（鈴木 1993:261-262）。
7) バスコンセロスは、すべての人種からなる最後の人種、「宇宙的人種」の特徴として、白人の要素が強くなるだろうとしてつぎのように述べる。

> おそらく、第五の人種のあらゆる特徴のなかで、白人の特徴が支配的と

なるだろう。しかし、そのような優位性は、好みの自由な選択による所産であるべきであり、暴力や経済的圧力の結果によるものではない（Vasconcelos 1990:36）。

サエンスもバスコンセロスもともに混血論を唱えるが、両者によるメスティーソのとらえかたは異なっている。

8) 混血を理想にまで高めたサエンスであるが、「混血」という現実を認めるにあたって、「混血の現実を勇気をもって受け入れ、インディオのものもスペインのものも同様にわれわれの魂のなかに流れることを許そう。そうすれば、われわれは新世界を創造することさえ可能となるであろう」（Sáenz 1982:192）と述べる。あえて「勇気をもって（valientemente）」と付け加えたところに、サエンスの複雑な心境を読み取ることができるのではないだろうか。

9) 文化伝道団は、1923年にイダルゴ州サクアルティパンという村において実施されたのをはじめ、翌年には六つの伝道団が組織され、モレーロス州クエルナバーカなど九つの町に派遣された（Sierra 1973:15-21）。これらの伝道団は、それぞれの地域の状況に応じて、教師のほか、農工業にかんする専門家、大工、医師、音楽家、美術家などから構成され、先住民の居住地域を中心に短期間滞在し、現職の農村教師や近隣の住民を集めて研修をおこなうことを目的としていた。この文化伝道団については、第6章において詳しく論じる。

10) メキシコの二文化二言語教育にかんしては、青木 2002, 2008, 2009、松久 1982, 1985、米村 1986などを参照のこと。

11) この点にかんしては、落合 1996, 1997などを参照のこと。

12) たとえば、メキシコ近現代史をフィールド・ワークの手法を駆使して研究する清水は、グアテマラとの国境にあるチアパス州のチャムーラという先住民村落の歴史的変遷についてつぎのように指摘する。

征服以後今日にいたる近代化の歴史のなかで、その「近代」＝「外部世界」との攻めぎあいをつうじて、主体的に自己再編をとげつつアイデンティティの存続を追求していくあり方、すなわち、「近代」への「村」の主体的対応のありようも、近代的共同体の重要な一側面であろう（清水 1988:215）。

第2部

# 「農村教育」のはじまりとその役割

SEGUNDA PARTE

# *Inicio y papel de la "educación rural"*

グアナフアト州スチトラン連邦共学農村学校（Escuela Rural Federal Mixta de Suchitlán, Guanajuato）における農業実習
出典）SEP 1927a: 113

# 第4章　公教育省の再建と教育の「連邦化」

## はじめに

1821年にスペインから独立したメキシコにおいて、公教育が大きな転換期を迎えたのは、1910年にはじまるメキシコ革命の内乱期をへて国家の再建がはじまる1920年代であった。1921年にバスコンセロスのもと公教育省が設置され、それまで公教育の影響がおよぶことのなかった地域、とりわけ先住民人口の多い農村地域を含め、メキシコ全土を視野に入れた学校教育の普及が、中央の連邦政府のもとで計画され、そして実行に移されたのがこの時代だったのである。それゆえ、1920年代をメキシコ教育史上の画期とみることも可能であろう。しかしながら、革命という大きな社会変動を経験したとはいえ、それによってそれ以前の教育理念や政策に根本的な変革がもたらされたわけではなかった。

19世紀後半に政権の座につき、1911年に亡命するまで大統領として君臨したディアス独裁政権のもと、メキシコは外資の積極的な導入によって鉱山開発や鉄道建設、あるいは農業の近代化によって経済発展の時代を迎える。そして、「政治的安定」と「経済成長」を背景として、教育制度の整備が進められた。その中心的課題のひとつが読み書き算数をはじめとする基礎教育の普及であり、もうひとつは、連邦政府が全国の教育にかんする権限を統括するという意味においての教育の「連邦化（federalización）」[1]であった。それらの課題は、ディアス政権の崩壊後、革命の内乱期を過ぎ、国家再建へと向かう1920年代、1930年代にいたってもなお引き継がれていった（Arnaut Salgado 1998:97）。したがって、革命前後の公教育には明らかに継続性があり、メキシコ教育史上、特筆されるべき革命期の教育普及運動は、革命以前の時代からかかえてきた教育課題を実際に解決していこうとする具体的な試みであった[2)]。そして、教育政策やその根本にある理念におけるメキシコ革命前後の「継続性」の根底には、「メキシコ国民」の形成、およびその「国民」からなる「国民国家」づくりという当時のメキシコ支配層の意図が流れていたのである。

「国民形成」をめざすディアス政権にとって、「政治的安定」および「経済的発展」とともに教育の普及は重要な課題であり、30年あまりにおよぶ独裁政権のもとで教育関連の法律も整備されていった[3)]。しかしながら、上述したふたつの教育課題のうち、基礎教育、初等教育の普及についてはその必要性において一定の合意がみられるものの、それを実現するための権限は連邦政府と地方政府のいずれに委ねられるべきかという点については意見の対立がみられた。なぜならば、当時の連邦政府が掌握していた教育の権限は、首都である連邦区（Distrito Federal）および直轄地[4)]という狭い地域に限られており、地方においては州や市などの自治が重視され、地方政府が教育行政を担っていたからである。もうひとつの課題である教育の「連邦化」という問題は、すなわち、全国の教育を統括したい連邦政府と、地方自治にたいする連邦政府の介入を嫌う地方政府とによる主導権争いという側面をもっていた。

本章では、1921年の公教育省再建に焦点をあて、こうした両者の主導権争いのなかで、教育の「連邦化」に向けてどのような議論が繰り広げられたのかを検討する。そして、メキシコにおいて19世紀後半から議論が活発化し、革命期において具体化してきた教育による「国民」づくりの前提として、連邦政府が教育の分野における権限をいかに統括しようとしたのかを明らかにし、メキシコにおける教育の「連邦化」の意味を探りたい。

## 1. 教育の中央集権化の試み

1882年、当時の教育行政を所管していた法務公教育省（Secretaría de Justicia e Instrucción Pública）の大臣となったホアキン・バランダ（Joaquín Baranda 1840-1909）は、教育をはじめさまざまな分野で公職を歴任するイグナシオ＝マヌエル・アルタミラーノ（Ignacio Manuel Altamirano 1834-1893）にあてて、初等教育の教員を養成する師範学校を設置するための草案を作成するよう依頼文を送った。そのなかでバランダは、1867年の教育法にある師範学校設置の規定と、1875年に提案された師範学校設置の議案とのいずれもが実現することはなかったと指摘し、国の状況がかわったことから、障害を取り除き師範学校を設置するときがきたと述べた。重要な点は、師範学校が連邦区のための学校であるべきか、あるいは各州から一定の数の生徒を受け入れる全国規模の性格をもつべきかを決めるよう依頼していることである。こうした依頼の背景には、将来、全国の初等教育を統一しようとするバランダの明確な意図があった（López-Yáñez Blancarte 1979:25-26）。

依頼を受けたアルタミラーノは、2年あまりかけてこの問題を検討し、師範学校設置のための議案を作成した。それによると、師範学校は連邦区の学生だけではなく、各地方政府からの奨学金を得て派遣される学生をも受け入れる全国規模の性格をもって設置されるべきであると提起された。ただし、あくまでもそうした性格をもつというだけで、各州の独立性に鑑みて、奨学金を与える学生については法律が規定するものではなく、各州の決定に委ねられるということが明記されていた（López-Yáñez Blancarte 1979:27-28）。すなわち、連邦政府が師範学校を設置し、そこに連邦区以外から学生を受け入れるとしても、それは、連邦政府が各州のもつ教育の権限に介入するものではなく、あくまで学生の派遣は各州の権限にあるということが強調されたのである。

この議案は1885年に議会で承認され[5]、2年後に師範学校（Escuela

Normal para Profesores）が開校し、また、1890年、既設の女子中等学校（Escuela Secundaria para Señoritas）が女子師範学校（Escuela Normal para Profesoras）へと再編された。こうして、連邦区における教員養成制度が整備され、連邦政府は、この師範学校を全国の教員養成制度のモデルにしようとした。この時代は、各州においても教員養成を担う教育機関がすでに設置されており、連邦区の師範学校の影響はかならずしも強かったわけではなかった。しかしながら連邦政府は、19世紀後半から、地方政府のもつ教育の権限に配慮しながらも、メキシコ全土へとみずからの教育の権限を拡大しようと試みてきたのである。

1905年になると、それまで法務公教育省として法務を担当する部局とともにひとつの省を構成していた教育担当部局が、公教育芸術省（Secretaría de Instrucción Pública y Bellas Artes）として分離し、フスト・シエラ（Justo Sierra 1848-1912）が初代大臣に就任する。これが、メキシコにおいて単独で教育行政をつかさどるはじめての独立した連邦政府機関であったが、この省の管轄する地域は、引き続き連邦区および連邦政府の直轄地に限られ、それ以外の地域においては、従来同様、地方自治体が教育の権限を握っていた。しかしながら、公教育芸術省設置のための発議において、連邦区および直轄地の教育がモデルとなり、そこでおこなわれる教育が全国の関心を呼ぶであろうと述べられていることからも（Sierra 1984:355-356）、公教育芸術省の設置をつうじて、教育の分野における連邦政府の影響力を地方の学校にもおよぼそうとするディアス政権の意図がみてとれる[6]。また、1910年の独立戦争開始100周年祭にあわせて開催された全国初等教育会議（Congreso Nacional de Educación Primaria）において、各州の代表者に教育の現状を報告させていることからも、公教育芸術省が全国の教育状況を把握しようとしていることがうかがえる[7]。

さらに1910年、メキシコ革命が勃発する直前にディアス政権によって発行された基礎教育法（Ley de Instrucción Rudimentaria）には、連邦政府が教育の分野における影響力を全国に拡大しようとする意図をかいまみることができる。この法令は、先住民にたいするスペイン語の読み書きや実用的な算数の指導に内容を限定した基礎教育学校（Escuela de Instrucción Rudimentaria）を全国に設置する権限を連邦政府に与えようとするものである。この学校は、年齢や性別を問わず希望するもの全員を対象とし、また、必要に応じて出席をうながすために食料や衣料を援助することも規定に盛り込まれた。さらにこの法令の条文には、既存の、あるいは今後設置される正規の小学校からは独立したものとすること、本法令を憲法にもとづく連邦政府の権限内で定めること、連邦政府は下院議会に法令の実施や予算の執行状況について報告する義務を負うことなども明記されている。こうした条文からは、連邦政府による地方の教育行政への介入にたいする反発に配慮しつつ、教育の分野をてこにして、限定をつけながら慎重に連邦政府の権限をメキシコ全土へと広げようとしたディアス政権の戦略がみてとれるのではないだろうか。しかしながら、この法令が出された直後にディアス政権は崩壊し、その戦略がディアス大統領のもとで実行されることはなかった。

連邦政府による教育の権限拡大というディアス政権の精神は、同政権崩壊後も、つぎのフランシスコ・レオン＝デ＝ラ＝バーラ（Francisco León de la Barra 1863-1939）臨時政権、マデーロ政権、ビクトリアーノ・ウエルタ（Victoriano Huerta 1850?-1916）政権へと継承されることとなる。マデーロ政権下で公教育芸術次官となったアルベルト・パニ（Alberto J. Pani 1878-1955）によると、公教育芸術省は、基礎学校設置担当官（Instalador de Escuelas Rudimentarias）を全国に派遣し、これを専門に担当する課を省内に新設した（Pani 1918:11-13）。この学校については、1912年のマデーロ政権から1913年のウエルタ政権のあいだに50から200校程度が機能していたとされるが（Arnaut Salgado 1998:115-120）、革命期の混乱のなかにあって、実際にこの学校がどの程度の役割をはたしていたのかは不明である。いずれにしても、基礎教育法は、先住民にたいするスペイン語の読み書きや算数という限られた範囲ではあったが、一種の学校を全国に設置する権限を連邦政府に与えようとしたという点において、これを教育の「連邦化」の嚆矢となすという指摘もある[8)]。

マデーロの暗殺後、政権についたウエルタ大統領のもと、1914年に発行された公教育芸術省による教育関連法をみると、基礎教育法（Ley de Enseñanza Rudimental）という法令がある。この法令には、全国の読み書きのできないものたちに必須の教育を与え、非識字者を有用な市民とするためにその知的、道徳的能力を涵養すると記されている。具体的には、ディアス政権期の基礎教育法より一歩進んで、読み書き算のほかに、歴史や地理などの教科が授業内容として加えられており、さらに、国歌の斉唱によって愛国心をはぐくむことも盛り込まれている。しかし、この法令にもとづく学校は義務ではなく、年齢や性別を問わず非識字者を対象とし、食料や衣料を支援することも規定されるなど、この基礎教育法はディアス政権期の法令を引き継ぎ拡大したものである。また、義務教育を定める各州や連邦区の教育法を侵すものではないことも規定され、あくまでも地方政府の権限には抵触しない法律であることが明記されている点でもディアス政権期の法令と同じである（SIPBA 1914:5-6）。ただし、ウエルタ政権も短命に終わったため、実質的にはこの法令が施行されることはなかったと考えられる。

連邦政府は、ディアス政権から革命勃発後の数年間にわたって教育の統一化、中央集権化をめざし、教育の分野をつうじてみずからの権限を地方にもおよぼそうと試みた。教育関連の法律を整備したり、全国規模の教育会議を開催したりするなど、そのための地ならしを進めてきた。初等教育とはべつに、先住民や非識字者にたいして限定的な教育を与えようとする基礎教育学校を全国に設置する権限を連邦政府に与えた基礎教育法や、各州の代表を集めた全国初等教育会議の開催などはその一環であった。しかしながら、地方政府や教師の反対、ディアス政権内の対立、さらに革命勃発後の権力闘争や内乱などによる国内の混乱のなか、これらの政策や活動が実質的な効果をもちえることはほとんどなかったといえるだろう（Arnaut Salgado 1998:95）。

その後、護憲派と称される集団の中心的人物カランサが、ほかの革命諸勢力をおさえ権力を掌握すると、公教育芸術省を不要とする論調が高まるなかで、教育の分野における連邦政府の権限拡大の動きは衰えていく。公教育芸術省不要論を積極的に主張していた政治家のひとりが、カランサ政権下において教育担当の職に就いたフェリクス・パラビシーニ（Felix Palavicini 1881-1952）であった。彼は、公教育芸術省が連邦区と直轄地という狭い地域しか管轄していないにもかかわらず、巨大な組織となっているため無駄が多いことを省の廃止の理由として訴えた[9]。さらに、地方に行政の権限を委ねる「自由市（municipio libre）」[10]の理念とあいまって、全国の教育を統括する権限を連邦政府にもたせるというディアス政権以来の試みは、ここでいったん挫折することとなった。

結局、1917年にカランサ政権のもとで制定された憲法において、公教育芸術省は廃止され高等教育担当の大学局へと縮小された。そして、高等教育前の教育については、州または市の権限であることが憲法において定められたのである。その結果、公教育芸術省が管轄していた連邦区内の学校も、連邦区を構成する各地区の管轄下におかれることとなった。しかしながら、財政基盤の脆弱な地区においては、教師への給与の未払い、あるいは支払い拒否という事態となり、1919年には、賃金の支払いや解雇の取り消しを求める教師のストライキが勃発するにいたった（Arnuat Salgado 1998:144）。そして、憲法制定からわずか3年後、公教育芸術省よりも広範な権限をもつ連邦公教育省（Secretaría de Educación Pública Federal）の設置をめざした法案が、憲法改正案とともに国会に提出される。第1章で述べたとおり、その議案を提出したのが、翌1921年、再建された公教育省の初代大臣となるバスコンセロスであった。

## 2. バスコンセロスの公教育省設置計画

バスコンセロスは、1914年、暫定大統領となったカランサの協力要請を受け、出身校である国立予科学校の校長のポストを要求していったんは受け入れられるが、カランサに忠誠を誓わなかったため解任される。そして、ウエルタ政権崩壊後の体制をめぐって議論がなされたアグアスカリエンテス会議で暫定大統領となったエウラリオ・グティエレス（Eulalio Gutiérrez 1881-1939）政権のもとで、バスコンセロスが公教育芸術大臣に任命された。しかしながら、この暫定政権も短命に終わり、その後、カランサが権力を掌握することとなった。そのとき、グティエレス政権の代理人としてニューヨークにいた彼は、そのままその地に残って思索、執筆活動にはいった。

その後、バスコンセロスに転機が訪れるのは、1920年、カランサが暗殺されたのち発足したアドルフォ・デ＝ラ＝ウエルタ（Adolfo de la Huerta 1881-1955）暫定政権においてメキシコ大学学長として迎え入れられたときであった。バスコンセロスは、カランサ政権を「無知で悪意に満ちた似非護憲派」と呼び、その護憲派が、シエラのもとで独立した省となった公教育芸術省を廃止し、初等教育を「あらかじめ収入と自治を奪われた市」に委ねたと痛烈に批判した。そして、連邦政府のもとに教育行政機関のない当時の状況から、みずからを「教育にかんする政府」であるとし、シエラの活動を受け継ぎ、さらにその限界を越えてメキシコ全国の教育を統括する連邦公教育省の設置をめざしたのである（Vasconcelos 1951:11-12）。

> わたしは、変化をより明白で豊かなものとするため、連邦区と人の住んでいないふたつの地域（連邦政府直轄地バハ・カリフォルニアおよびキンタナ・ロー）とを管轄するだけのフスト・シエラの旧い省の狭い範囲を乗り越える決心をした。（連邦公教育省として）計画されたこの機関を、祖国のすべての領土を管轄する広範な省へと一度にかえるのである（Vasconcelos 1951:12）。

彼のもとには、かつてシエラ公教育芸術大臣のもとで次官を務めたエセキエル・チャベス（Ezequiel A. Chávez 1868-1946）のようなベテランから、アルフォンソ・カソ（Alfonso Caso 1896-1970）のような大学を出たばかりの若者まで、法律家を中心に多くの知識人が集まり、連邦公教育省創設のための法案がつくられた（Fell 1989:55）。そして、1920年10月に開かれた下院議会において表明された法案の提出理由のなかで、バスコンセロスはその目的をつぎのように述べた。

> 子どもたちを救済し、若者を教育し、インディオを解放し、すべての人を啓蒙すること。品位を高める高潔な文化を普及すること。その文化は、もはやあるひとつの身分のものではなく、あらゆる人びとのものである。こうしたことが、本法律の基本的目的である（Vasconcelos 1920:25）。

さらにバスコンセロスは、この目的を達成するためには、柔軟で強力な機関、すなわち連邦公教育省を設置する必要があり、この省は、ディアス政権期からこの時代にいたるまでに教育を担当してきたすべての機関によって構成されると続けた。そして、バスコンセロスが提案した公教育省の組織の中心は、学校課（Departamento Escolar)、図書館課（Departamento de Biblioteca)、芸術課（Departamento de Bellas Artes）という三つの課であった。学校課は、先住民にたいする基礎教育のための特別学校から、農村学校や技術学校、初等学校、中等学校、大学までも包括し、一貫した方向性のもとに学校組織を統一する役割を担った。バスコンセロスにとって学校は、思想や道徳を生み出すところではなく、それを解釈し実践に移す場所であった。思想や道徳という「人間文化の宝」は、古代より人類が蓄積してきたものであり、それは書物というかたちで継承されてきたと考えた。それゆえ、図書館課という課は、学校課を補完するばかりか、場合によってはそれよりも重要性をもった部局と位置づけられた。そして、芸術課は、芸術を評価するのではなく、国家財政によって博物館、美術学校、音楽ホールなどを維持し、芸術家たちに仕事をさせることがその目的とされた（Vasconcelos 1920:25-26)。

バスコンセロスらによってつくられた法案が公表されると、これら三つのおもな課をもつ連邦公教育省の権限の範囲をめぐって議論が再燃した。すなわち、連邦公教育省による全国の教育の統括は、州や市の自治や主権を侵すという反論が続出したのである。たとえば、1920年12月にメキシコ・シティで開催された第2回全国教員会議（Congreso Nacional de Maestros）においては、第一に「国民の教育を連邦政府に委ねるべきか」という議題をめぐって議論され、以下のような結論が出された。

1. 国民の教育を連邦政府だけに委ねるべきではない。
2. 国民の教育を統一すべきではない。
3. 連邦、州、市の各政府は、各州の教育法を尊重しつつ国民教育を実現するため、結束した行動を展開する義務を負う。

（以下、省略）（Vázquez 1923:71）

このように、連邦政府が全国の教育権を統括することに教員の側から懸念が表明されていた。また、革命以前から、独自の教育政策を積極的にとっていたベラクルス州などの州政府[11)]も、連邦政府による教育への介入を望まなかった。連邦政府による教育の統一化は、一部の州政府、パラビシーニなどの著名人、さらには教員たちによる抵抗が強く、バスコンセロスは、連邦公教育省設置法案提出の理由表明においてもそうした反対の声に慎重に配慮していた。たとえば彼は、連邦政府が各州の学校運営や教員の任命などに干渉することはなく、また、学校の役員を指名することもないと述べ、権威主義に陥ることなくあくまでも支援の手をさしのべるにすぎないとした。そして、教育にかんする地方の主権や自治はそのままとし、地方政府の手の届かない農村部における学校の建設などが連邦政府の役割であるとする点が強調された（Vasconcelos 1920:30）。

連邦政府の権限強化にたいする懸念に配慮して、バスコンセロスは、この法案にたいするさらなる理解を求めてメキシコ各地を訪問した。そのときのことを振り返り、つぎのように自叙伝に記した。

小さな州においては、州議会や知事をただちに味方にすることは、われわれにとってたやすいことであった。地方主義の抵抗は弱く、教育支援の必要性のほうがより緊急であった（Vascocnelos 1951:15）。

このように、財政基盤の脆弱な州や市においては、連邦政府の援助が必要とされていると彼は感じていたのである。とはいえ、公教育省の権限をめぐっては、国会審議において議論されただけではなく、地方政府や教員の側からもさまざまな意見が広くだされ、結論は法案提出の翌年までもちこされることとなった。最終的には、1921年にこの法案が可決されたのち、法案提出の中心となったバスコンセロスが初代の大臣に任命され、全国に学校を設置する権限をもった公教育省（Secretaría de Educación Pública）が誕生したのである。

## 3. 公教育省の権限拡大

公教育大臣となったバスコンセロスは、「巡回教師（maestro ambulante またはmaestro misionero）」と呼ばれる教員をメキシコ各地に派遣するなど、全国の状況を把握するとともに連邦政府が管轄する学校の設置にのりだした。当時のメキシコには、連邦政府と州との関係を定める法律がなく、また、1920年代、1930年代をつうじて全国の教育を統一するような関連法律も整備されていなかった。さらに、地方ごとに社会経済や教育普及の状況が異なっていたため、公教育省が統一的な教育政策を策定したとしても、それを全国の学校において等しく実行することは困難であった。そのため、バスコンセロス大臣のもとで、公教育省が教育の分野において地方政府と協力体制を構築するためにとった方策が、各州と協定（convenio）や契約（contrato）を結ぶことであった。原則的には都市の学校を地方政府に任せ、すでに学校が設置されている地域にはあらたな学校をつくらずに既存のそれを援助することとなった。また、民間にたいしても一定の条件のもと、教育の自由を認めるとともに助成をおこなった。そして、一般的には、連邦政府がもっとも厳しい負担、すなわち農村教育を担うこととなった（Vasconcelos 1951:22）。

しかしながら、州や市の学校と連邦政府の学校それぞれが、対立することなく棲み分けをしながら機能していたわけではなかった。バスコンセロスのあと連邦政府による教育普及の実質的な責任者となったサエンスによると、公教育省は、1923年には大部分の州と契約を結んだものの、両者は緊密な連携を欠いており、また、地方自治体が責任を負うという原則があいまいにされた結果、地方の責任が失われてしまったという。そして、サエンスの時代には契約を破棄し、州とはべつに公教育省が独自に教育活動をおこなうこととなった（Sáenz 1928:XIII）。繰り返しになるが、地方ごとに状況は大きく異なるため、サエンスの批判がすべての州にあてはまるわけではないだろう。しかし実際に、多くの地方自治体、とりわけ小さな市においては、財政が逼迫しているなどの理由から、学校の設置や維持、教員への給与の支払いなどができず、公教育省に救済を求めることも多かった（Loyo Bravo 1998:116-117）。

さらに、地方政府だけではなく住民からも、地方政府が設置した学校を連邦政府の管轄下におくか、あらたに設置するよう積極的に公教育省にはたらきかけることもあった。たとえば、1929年、ミチョアカン州のある村の住民が、大統領にあてて州立学校の問題点を指摘している請願書が残されている。それによると、その村にあるふたつの州立学校では給料が払えず十分な教員を確保できないため、州の学校を連邦政府の管轄へと移すよう大統領に直接訴えている。公教育省の当時の農村教育担当責任者で、農村教育の専門家でもあったラファエル・ラミーレス（Rafael Ramírez 1885-1959）は、住民からのこの訴えにかんして州連邦教育局長へ調査を依頼するが、局長は派遣する教員の枠がないため、この州立学校を連邦政府に移すことはできず、さらに、この村が地域の中心村であるため責任は州にあると返答している（AHSEP, DGEPET caja 153:exp.26）。ここからは、比較的大きな村落においては、原則として地方政府が教育の責任を負うべきであると連邦政府が考えていたことがうかがえる。さらに、住民からの連邦学校設置の要求にたいして、公教育省がすべてを受け入れるわけではなく、場合によって住民の要求を拒否することもあったことがわかる。

また、より質の高い教員を求めて、州の管轄下にある既設の学校とはべつに、あらたに連邦学校を設置するよう住民が公教育省に要求する場合もあった。たとえば、1931年、チアパス州のある村の住民が、連邦学校を設置するよう公教育大臣あてに請願書を提出した。それによると、1927年に連邦学校が閉鎖され、市の援助を受けた州立学校だけが存続してきたが、住民は、州政府が任命した教員たちの教育能力や日常の行為に不満を抱いていた。そのため、質の悪い教員の交代を州政府に要求したものの州が対応しなかったため、公教育省にたいして連邦学校の設置を求めたのである（AHSEP, DGEPET caja 10:exp.3）。

もうひとつの事例として、1937年、オアハカ州のある村の村長が、連邦学校の設置にかかわって大統領に送った礼状をみてみよう。そのなかで村長は、つぎのように記している。

> この地域にある州および市政府に属する学校の維持は、わたしが代表する村のような貧しい村にとっては大きな問題でした。貧しい村は、存続していくための資源が完全に不足しているうえに、教員に賃金を支払うため寄付をしなければならず、多くの場合、大変な負担となっていました。しかし、大統領閣下が国家の先頭に立たれて以来、貴殿は巧妙な手腕を発揮して、村にのしかかっていた重荷を教育の連邦化によってこの州全土から取り除きました（AHSEP, DGEPET caja 1:exp.14）。

この礼状には、貧しい生活を送る住民にとって質の悪い教員がさらなる重荷となっていたため、学校の閉鎖を望む声さえもあったと述べられている。しかし、「教育の連邦化」によって学校が連邦政府の管轄下となり、住民の期待にそった教員が連邦政府から派遣されてきた。村長はじめ住民は、それにたいして大統領に感謝を表明しているのである。

これらの事例からわかるように、連邦政府は、既存の州立、市立の学校を吸収したり、あるいは、教育が普及していない地域にあらたな学校を設置したりすることによって、教育の分野における連邦政府の権限を全国へ拡大していった。そして、そうした連邦政府の教育政策の推進を可能にしたひとつの大きな力として、住民による連邦政府への期待と協力があったということができるだろう。それはまた、教育の分野にとどまることなく、それ以外の領域においても連邦政府の影響力がメキシコ全土へと広がっていったことを示唆している。

そうした連邦政府の影響力の拡大は、州政府はじめ地方自治体との軋轢を生み出す可能性を秘めていた。そればかりではなく、植民地時代からメキシコにおいて絶大な影響力を保ってきたカトリック教会との関係においても、連邦政府は厳しい対応を迫られていたのである。独立以後、いわゆる保守派と自由派の対立が続くなか、1850年代にはカトリック勢力を弱体化し国家の管理下におこうとする自由派が権力を掌握した。その後、政権の座についたディアスは、カトリック教会にたいしてそれまでの政権と比べ強硬な態度はとらなかった。しかしながら、ディアス政権崩壊後は、1917年に制定された憲法において宗教教育が禁止されるなど[12)]、教育から宗教を徹底的に排除しようとする政府とカトリック教会とのあいだで緊張が高まった。とりわけ、「クリステーロス（cristeros）の乱」（第6章注8）参照）といわれた武力闘争が勃発した1920年代後半から、「社会主義教育（educación socialista）」[13)]が導入される1930年代前半にいたる時代に、両者の対立はもっとも激化した。連邦政府は、学校が教会に、教員が司祭にとってかわることによってカトリック勢力の弱体化をねらう一方で、カトリック教会の側は、公立学校を「悪魔の学校」と呼んで子どもの就学拒否を住民に訴えるなど連邦政府に抵抗した。両者の対立のなかに立たされた教員にとっては、ときとして暴力でもって学校を追われ、あるいは命を落とすという事件が多発する非常に苦しい時代であった。

たとえば、1933年、オアハカ州において教会権力の影響力を弱体化するために州立学校に連邦政府が介入しようとした例をみてみよう。オアハカ州のある村の住民が、前年に開設された連邦学校の場所をめぐって公教育省に請願書を提出した。それによると、開校当初より、適切な場所が確保できないことから個人の家で教育がおこなわれていたため、住民が学校の建設場所を村の共有地に確保するよう村当局に依頼したところ拒否された。そこで住民は、国有財産である教会、またはその一部を学校施設として利用することを認めるよう公教育省に要求したのである。この請願を支援するある有力者が公教育省あてに送った依頼状によると、この村の州立学校はカトリック教会の強い支配下におかれており、そのため連邦学校への共感が少ないということであった。すなわち、連邦学校を設置する場所が確保できないのは、連邦学校を支持する一部の住民を除き、多くの住民が教会の影響で連邦学校を受け入れなかったことが原因であったと考えられる。公教育省の担当者ラミーレスは、住民のこうした要求を受け、オアハカ州連邦教育局長にたいし、州政府を学校から撤退させて、公教育省の管轄とするべく交渉するよう命令した。さらに、「公教育省が、狂信的になっている当該地域における支配権を獲得していくよう、この問題にかんして活発に活動することが必要である」（AHSEP, DGEPET caja 4:exp.2）と付け加えている。

ラミーレスのこうした指示は、連邦政府のとってきたそれまでの慎重な態度とは異なり、地方自治体の権限を連邦政府が侵すことはしないという原則に抵触するおそれがある。しかし、このことはラミーレス個人による越権行為だったわけではないだろう。地方自治という原則に抵触する危険を冒してまでも、カトリック教会の影響力を排除して連邦政府の支配権を確立しようとする連邦政府の強い意図のあらわれなのではないだろうか。すなわち、連邦政府が進める教育の「連邦化」は、地方政府にたいする連邦政府の優位を確立するとともに、カトリック教会にたいする国家の優位をも確立することをめざした試みであったといえるだろう。

## おわりに

1921年の公教育省の再建は、メキシコ全土に教育を普及する権限を連邦政府に与えた大きな教育制度改革のひとつであった。連邦政府はこの制度改革をつうじて、農村部をはじめとしてそれまでに学校教育の普及していなかった地域へ教員を派遣し、学校を開設することによって、地元の権力者やカトリック教会が支配する地域において影響力を拡大していった。前節のなかで言及したミチョアカン州やオアハカ州の事例において、州政府が運営する学校の不備に不満をもった住民が、公教育省だけではなく大統領に直接訴えることで問題の解決をはかろうとしたことからもわかるように、実際に国家は住民にたいしてその存在感を示したといえる。

しかしながら、このことは国家が住民を支配下においたということを意味するわけではない。なぜならば、国家によって推進された学校教育の普及は、住民の理解と協力によってはじめて可能になるのであり、したがって、国家の意図したとおりに政策が実行されたわけではなかったからである。この点については、第3部において詳しく論じるとして、次章においては、国家が具体的にどのような意図のもと、どのような教育政策を策定したのかを検討したい。

**注**

1) 「連邦化」という用語は、現代においては、脱中央集権化、地方分権化の文脈で使われることがあるが（Arnaut Salgado 1998:17、Loyo Bravo 1998:113）、本書があつかう時代の文脈においては中央集権化を意味する。
2) この点について、ヴォーンは、「歴史的なデータは、教育政策、プラグマティックな内容、官僚的構造、人材において、革命の前後には深い継続性があることを示している」と述べる（Vaughan 1982:2）。また、バサンは、「現在の教育の基礎は、1876年から1910年にいたるその時代に胚胎したといえる」と指摘し、現在のメキシコにおける教育の基礎を築いたとされることの多い1920年代よりも前にその萌芽をみる（Bazant 1993:15）。
3) たとえば、公教育の無償や義務、世俗を定める法律、師範学校設置にかんする法律などがこの時代に制定されている。
4) この直轄地は、現在では州となっているバハ・カリフォルニアおよびキンタナ・ローをさし、当時は州とは区別され、連邦政府がこれらの地域を管轄していた。
5) この法案を詳しく紹介しているロペス＝ヤニェス＝ブランカルテによると、法案には修正がほどこされたとされるが（López-Yáñez Blancarte

1979:29)、具体的な修正内容には言及していないため、どこがどのように修正されたのかについては不明である。

6) この発議は、当時、内閣の長であった外交大臣名で出されたが、公教育芸術大臣シエラの全集に注釈をつけた元公教育大臣アグスティン・ヤニェス（Agustín Yáñez 1904-1980）は、ほかのシエラの文書との比較から、この発議にシエラも関与していたと指摘している（Sierra 1984:355)。

7) 各州の教育状況が書かれた報告書については、SIPBA 1912を参照のこと。ベラクルス州だけはこの会議に参加せず、報告書も提出していない。また、独立戦争開始100周年記念祭は、ディアス政権が「近代化したメキシコ」を世界にアピールするために開かれた祝賀行事であり、1910年9月、1ヶ月にわたってさまざまな行事がおこなわれたが、この教育会議をはじめ、教育および福祉関連の会議や施設の開設セレモニーなども数多く開催された。

8) たとえば、革命と大衆教育の関連を論じるゴメス＝ナバスは、「基礎学校は、教育の連邦化開始の端緒であった」と指摘し、それが1921年の公教育省設置の基盤となったと述べる（Gómez Navas 1981:132)。また、ローヨ＝ブラーボは、この基礎教育法をディアス期における中央集権化の最後の努力であるとし、基礎教育学校を中央集権化の一環として位置づける（Loyo Bravo 1998:115)。さらに、アルナウ＝サルガードは、この基礎教育が、のちに連邦政府が推進したメキシコ全土の農民や先住民を対象とした農村学校の先駆となったといえるだろうと指摘する（Arnaut Salgado 1998:92)。

9) たとえば、下院議員だったパラビシーニは、1913年の予算案の国会審議のなかで、本文で述べたような理由から予算案に反対し、予算を大学の助成や教員給与の増加にあてるよう要求したと述懐している。また、連邦区と直轄地に権限が限定された公教育芸術省の廃止は、その当時だけではなく、つねに自分が主張していることだったと述べている（Palavicini 1937:162-163)。

10) カランサ政権のもとで制定された1917年憲法の第115条は、各州のなかに「自由市（Municipio Libre)」を置き、自由市は財政を自由に管理することができると規定している。

11) 革命以前においても、トラスカラ州、タバスコ州、ユカタン州、ベラクルス州など、独自の教育政策を積極的に進めていた州もあった。

12) 1917年憲法第3条において、教育は自由であるとしながらも、公立および私立の教育機関が付与する教育は世俗（laica）であるとされ、宗教団体や聖職者が学校を設置、指導することは禁止された。憲法第3条の制定にかかわる審議については、国本2009、第7章を参照のこと。

13)「社会主義教育」とは、カルデナス政権下において教育関連の条項を定めた憲法第3条の改定によって導入された教育政策である。カルデナス政権は、石油や鉄道を国有化するなど社会主義的な政策を進めたが、いわゆる社会主義体制をとったわけはない。この社会主義教育は、「近代的」、「科学的」、「合理的」知識を子どもたちに伝えようとすることがそのおもな目的であり、社会主義のイデオロギーとは関係ないとされる。実際の現場においては、社会主義教育の定義があいまいであり、どのようなものか理解されることは少なかったと指摘される。

# 第5章　農村地域独自の教育と「農村教師」の養成

## はじめに

メキシコの農村地域には、スペイン語を理解しない先住民系人口も多く、住民の生活状況は都市部のそれとは大きく異なっていた。そのため、農村地域における教育は、都市部の学校においておこなわれている教育の内容と同じものではなく、農村地域の状況にあわせた特別な教育が必要であると考えられた。それは、読み書き計算などを中心とした基礎教育にとどまることなく、それぞれの地域の実情にそくした農牧業や小規模工業の促進、衛生環境の改善、生活様式の変容などを目的としていた。「農村教育（educación rural）」と呼ばれるようになる広範囲にわたるその活動は、教室内でおこなわれる机上の学習というような狭い意味における教育を越えた農村地域における社会改良、生活改善運動とそれを担う市民の育成という役割を担っていた。そして、実際にそうした活動を担っていく連邦政府の末端要員として、「農村教師（maestro rural）」というあらたな専門職が要請されることになるのである[1)]。

1920年代以降、急速に拡大する農村教育に対応するため、農村教師の養成は連邦および地方政府にとって急務であった。しかしながら、都市部に設置されていた既存の教員養成機関において訓練を受けた教員は、都市部における教育とは異なる役割を与えられていた農村教育を実践するにはかならずしも適任ではなかった[2)]。農村教師は、教室という限られた空間における子どもたちへの教育という狭い領域にとどまらず、上述したような農村地域の社会的、経済的、文化的発展とそれを担う市民の育成という広範囲におよぶ任務を担うことが期待されていたからである。しかも、都市部で教育を受けた教員志望者の多くは、農村地域における厳しい生活環境を嫌い、都市部において職を求める傾向が強かった。それゆえに、質量ともに十分な農村教師を確保することは難しく、さらに、農村教師を短期間のうちに育成する教員養成制度の構築は大きな困難をともなう作業であった。

本章では、こうした状況のなかで、「農村教育」を担う教師がどのように養成されてきたのか、農村教育が全盛期を迎える1920年代から1930年代に焦点をあててその歴史を概観しながら、この教員養成制度がメキシコの教員にとっていかなる意味をもっていたのかを考察したい。

## 1. 教員養成の開始

メキシコにおける基礎教育は、独立直後から、カトリック教会やランカスター協会など、宗教団体や民間団体によってその多くが担われていた[3)]。基礎教育を担う教員養成のための機関については、1823年、ランカスター協会による師範学校が連邦区に設置され、その後、19世紀前半には、オアハカ州、サカテカス州、ハリスコ州、チアパス州において地方自治体による教員養成のための学校が設立されている(Curiel Méndez 1981:428)[4)]。

連邦政府が管轄する連邦区においては、1833年、副大統領バレンティン・ゴメス=ファリーアス(Valentín Gómez Farías 1781-1858)の教育改革によって男女別ふたつの師範学校が設置され、それぞれ六つの小学校が併設されることとなった(Almada 1967:110)。しかしながら、当時、政権交代があいつぎ、また財政が逼迫するなどの政治的、経済的混乱のなかにあって、ゴメス=ファリーアスの教育改革は実質的には機能しなかったと指摘される(Bolaños Martínez 1981:20-21)。その後、19世紀後半になると、保守派勢力をおさえていわゆる自由派が権力を掌握して政治的に安定してくると、1867年には、連邦政府によって初等教育の義務および無償を定めた教育法が公布され、師範学校の設置も明記されるなど、管轄地域は限られていたものの連邦政府による公教育制度の整備も進められていく。ディアス独裁政権の時代になると、基礎教育の普及と連邦政府による教育部門の中央集権化が模索されるなかで、地方自治体ごとに異なる教育体制を全国統一の基準によって統制するための方策のひとつとして、初等教育の教員を養成する師範学校の設置が検討されるようになった。

前章で述べたとおり、19世紀後半、法務公教育大臣バランダの依頼を受けて、アルタミラーノが初等教育の教員を養成する師範学校を設置するための議案を作成した。その議案には、連邦区における初等教育の教員になるための資格の認定や初等教育で使用される教科書の決定は、この師範学校のみがおこなうという提案が盛り込まれている（López-Yáñez Blancarte 1979:28）。教員資格の認定や教科書の決定を一元化するというこの提案は、政府が教育の内容や質を一元的に管理、統制することを意味している。この時代は、連邦政府に限らず各州政府も、教員資格の認定あるいは教員の任命という権限を握ることによって教育分野において介入を強めていく。しかしながら、教員に専門的な資格を要求するという政府の発意にたいしては、教育の自由という憲法の原則に反し、また、師範学校の卒業生が少ないことから、教員の数を確保することの妨げとなる可能性があるとして反対があったという（Arnaut Salgado 1996:20-21）。

この議案は最終的には1885年に議会で承認され、その2年後に師範学校が開講し、1890年に女子中等学校が再編されて設置された女子師範学校とあわせて連邦区における師範教育が整備されていく。また、それ以前から各州において教員養成を担う教育機関の設置が進められており、とりわけ1886年に開設されたベラクルス師範学校（Escuela Normal Veracruzana）は、メキシコ教育史上もっとも重要な師範学校のひとつとなった（Curiel Méndez 1981:429-431, Larroyo 1986:318-326）。メキシコにおける教職の歴史を研究するアルナウ＝サルガードは、ベラクルス師範学校が、連邦区の師範学校よりも多くの卒業生を輩出し、その卒業生たちが連邦区および各州において教育職に就いていたと指摘する（Arnaut Salgado 1996:23-24）。

さらに注目すべきは、ベラクルス師範学校の創設者であるスイス出身の教育家エンリケ＝コンラード・レブサメン（Enrique Conrado Rébsamen 1857-1904）[5]が、ディアス大統領の依頼で、オアハカ州やハリスコ州などベラクルス州以外の州においても公教育の推進、とりわけ師範学校の整備に尽力し、メキシコの教育改革に重要な役割をはたしていたということである。連邦政府は、地方の教育改革に功績のあった人物を登用することで、メキシコ全体の教育改革を推進しようとした。アルナウ＝サルガードも示唆しているように、この時代にメキシコの広い地域において教育制度の整備が進むなかで、教育の統一化が進むとともに、全国の教育改革にたいする連邦政府の介入が拡大してきたのである（Arnaut Salgado 1996:20）。

1901年、師範学校の設置を進めたバランダが法務公教育大臣を辞任すると、後任のフスティーノ・フェルナンデス（Justino Fernández 1828-1911）大臣は、省内に法務担当と教育担当それぞれの次官を置き、後者にシエラを起用した[6]。そして、同年、師範教育部（Dirección General de Enseñanza Normal）が設置され、ベラクルス師範学校の創設者レブサメンが師範学校校長と兼任するかたちでその部長に任命された。教育担当次官職の創設、教員養成機関専門部局の設置は、ディアス政権において、教育政策とりわけ教員養成の重要性が認識されてきたことのあらわれであろう。1904年、付属学校校長であったアルベルト・コレア（Alberto Correa 1857-1909）が、レブサメンにかわって師範教育部部長に就任すると、9月15日の独立記念日およびディアス大統領の誕生日にあわせて、師範教育部の機関誌『師範教育（La Enseñanza Normal）』の第1号が発行された。その巻頭には、「師範教育―われわれのプログラム（La Enseñanza Normal: nuestros programas）」と題する記事が掲載され、メキシコにおける教員集団の問題がつぎのように総括された。

師範学校の教員たちは、非常に重要な集団をなしている。しかしながら、この機関の構成員おのおのは、あまりにも孤立してその職務に従事しているため、仕事のうえでのまとまりや統一性がほとんど存在しない（*La Enseñanza Normal*, Año 1, Núm.1 1904:1）。

この機関誌は、教員間の密接な関係を生み出し、共通の意識を呼び起こすことを目的として創刊された（*La Enseñanza Normal*, Año 1, Núm.1 1904:1）。当時、師範教育部が管轄していたのは連邦区の師範学校のみであったが、ここではメキシコ全国の教員が対象とされている。すなわち、連邦政府は、全国の教員集団をとりまとめていくことが必要であると認識していたのである。しかしながら、ディアス政権時代における教育の中央集権化という試みは、連邦政府の介入を嫌う地方自治体の抵抗や、長期間におよぶ独裁体制に反対する政治勢力の拡大など、さまざまな問題に直面したまま1910年の革命によって独裁政権が崩壊したため、その後の政権に委ねられたのである。

## 2.「農村教育」と「農村教師」の誕生

連邦政府が州や市などの地方政府の自治に配慮しながらも、全国にその影響力をおよぼそうととくに重点をおいた分野が、農村地域における教育であった。当時、比較的大きな都市や町には学校が設置されていたものの、先住民人口の多い農村地域においては、公教育がほとんど普及していなかった。連邦政府は、地方自治体が運営する学校はそのまま地方に任せ、地方政府の手の行き届かない農村地域における教育に関与するというかたちで、メキシコ全土への影響力を拡大しようと試みた。たとえば、第4章で述べたように、ディアス政権末期の1910年と革命勃発後の混乱期である1914年に制定されたふたつの「基礎教育法」[7]において、連邦政府は、先住民にたいするスペイン語の読み書きや実用的な算数に限定した指導をおこなう「基礎教育学校」という一種の教育機関を全国に設置することができるという規定を定めた。

公教育が普及していない先住民居住地域におけるこの教育機関は、あくまでも既存の学校からは独立した限定的な機関であるとされている。しかし、これらの法律の制定は、連邦政府が管轄する基礎教育のための学校を全国へと普及することを手がかりとして、教育の中央集権化を推進しようとする連邦政府の試みのひとつであろう。また、教育の中央集権化をつうじて、国家の影響力を全国にいきわたらせようとした連邦政府の戦略だったともいえるだろう。その試みは、1910年の革命によってディアス政権が崩壊したあとも、のちの政権に引き継がれていったのである。しかしながら、革命勃発後は内乱が続き、連邦政府が推進しようとする教育政策は実質的にはほとんど実効性をもたず、それが本格的に実行に移されるのは1920年代、国内の混乱が一段落してからであったことはすでに述べてきたとおりである。

バスコンセロスのもと、全国の学校を統括する権限をもって再建された公教育省は、全国各地に連邦小学校を建設しはじめるが、地方自治の原則に抵触しないよう協定を結ぶなど慎重に地方自治体との関係をとりながら連邦立の学校を設置していく。基本的にはそれまでと同様、すでに学校が設置されている地域ではなく、いまだ学校教育が普及していない地域に、連邦政府が任命した教員を派遣して学校教育を開始した。そこで重要となるのが、先住民が多く居住する農村地域において教育を普及するために必要な教育内容や方法の検討、および、実際の教育活動を担う教員の確保であった。前節で述べた連邦区および各州に設置された師範学校は、農村地域の教育を担う教員を養成することを目的としていたわけではなかった。それゆえ、19世紀後半から教員養成制度の整備が進められていくものの、それが急増する農村学校を指導する農村教師を養成することにはかならずしもつながらなかった。

そこでバスコンセロスは、農村地域の状況を調査するため「巡回教師」と称する教員を地方に派遣した。そして、比較的人口の多い村において読み書きのできるものを即席の補助教員（monitor）とし、ごく初歩的な教育活動を開始するという方法をとった[8)]。また、地方自治体の設置した学校が存在する地域においても、その学校が十分に機能していない場合は、それにかわって連邦政府が学校の運営にあたることもあった。前章でも述べたように、公教育省の歴史文書館に残されているこの時代の文書のなかには、財政の厳しい地方自治体が運営する学校の質の低下を訴えて、連邦立の学校を設置するよう公教育省や大統領に求める住民の請願書があり、州や市よりも連邦政府による学校運営を期待する住民の側からの声も少なくなかったことがわかる。

さきの巡回教師に加えて、重要な農村教育政策のひとつとして1923年に創設されたのが、次章で詳しく論じる「文化伝道団」であった。この文化伝道団は、教育学者や農工業の専門家、医師や看護師、ソーシャル・ワーカー、体育や音楽の専門家などから組織され、比較的規模の大きな村に一定期間滞在し、その村をはじめ近隣地域の教員や住民を対象に研修コースを開設した。教育家や専門家を各地に派遣するこうしたしくみには、即席の教員をみつけだし、また、資格や経験のないまま教員として働くものの現職教育をほどこすと同時に、地域社会の生活を向上させるという役割が期待されていた。文化伝道団の派遣先が決定されると、その旨を知らせる通達が公教育省から派遣先をはじめ近隣の村むらを統括する視学官（inspector escolar）や各学校に送られる。そして、連邦立、州立、市立、私立を問わず、各学校から教員が集まるとともに、一般住民も研修に参加することができた。

これらの政策は、農村地域における教育普及を急速に進めるために、短期間のうちに教員の候補者を探しだして初歩的な知識を伝達するという利点はあったが、農村教師養成のための体系立った教育を与えることはかならずしもできなかった。また、師範学校を卒業し資格を得ることのできた教員は限られており、さらに、資格を得た教員の多くは、厳しい環境にある農村部ではなく都市部にある学校への就職を希望していた。そのため、増大する学校の数に相当する教員の確保は、その質量ともに農村教育の普及においてつねに大きな課題となっていた。その結果、学校教育を急速に普及していくため、小学校3、4年生ほどの学歴をもち、スペイン語の読み書きができるといった程度のものが教員として採用されることも多く、また、10代なかばというかなり若い年齢で教職に就くものもあったのである[9)]。

こうした状況から、農村地域において教育活動を実施することのできる質の高い意欲的な教員を配置することは非常に困難であった。革命後の師範学校教員について研究するシベーラ＝セレセードは、1920年代の農村教師をあらゆることにつうじている「何でも学者（todólogo）」と称し[10)]、医療や公共事業、農業生産のための貸付金の獲得など、勤務先の村のためにさまざまな仕事にかかわる必要があったと指摘する。そして、19世紀から存在してきた師範教育について、そのような仕事を実行することのできる教員を養成するためには、「不十分であるばかりか不適切であった」と述べる（Civera Cerecedo 2008:13-14）。なぜならば、メキシコの農村地域は、自然環境や政治、経済、文化、言語などさまざまな側面において多様性に富んでおり、それゆえ、地域の事情に疎いよそ者の教員が農村住民に受け入れられ、そこで教育活動をおこなうということは容易なことではなかったからである。

農村地域における教育は、子どもたちにたいする読み書き算をはじめとする基礎知識の伝達という狭い範囲にとどまることなく、学校教育を受けたことのない成人にたいする教育、農村住民全体の意識の改革、農村地域の経済的、社会的、文化的発展などを含む広い範囲におよぶものであった。たとえば、校舎の建設や備品の作製、父母会、子ども会、スポーツ・クラブなどの組織づくり、農業生産を高めるための農牧技術の伝達、地域の実情にそくした小規模工業の振興、道路整備などの公共事業、エヒード（ejido）[11)]と呼ばれる共有地獲得のための申請手続き、ワクチン接種や入浴などの健康管理や衛生指導、時間厳守などの生活習慣の改善、料理、裁縫、育児といった家内労働など、農村教師がかかわる活動は多岐にわたっている。それゆえ農村教師には、教室という狭い空間でおこなわれる教育とは異なる農村地域独自の教育を担うことのできる知識と能力が必要とされたのである。

師範学校を卒業した資格をもった教員であっても、都市部とは環境の大きく異なる農村地域における教育に十分な対応ができるとは限らなかった。むしろ、都市部で教育を受けた教師であるからこそ、農村住民の必要性を理解しないばかりか農村生活を不快に感じ、逆に住民からは拒絶されるということもあった。また、都市部の師範学校で学んだ教育内容や方法が農村住民の実際の生活からはかけ離れており、都市部で学んだ教師によっておこなわれる教育が、かならずしも農村の生活向上にはつながらないという批判も多く出された。そのため、農村地域のもつ特有の問題を解決するためのあらたな教育内容、教育方法が模索され、公教育省内でも先住民人口の多い農村地域における教育を所管する専門の部局が設置されるなど、「農村教育」という特別の専門領域とそれを担う「農村教師」という専門職が誕生することとなるのである。

## 3. 農村師範学校と農民地域学校

農村地域における教育が、都市部の学校における教育とは異なるものとして認識されるようになると、それを担うことのできる農村教師を養成するため、農村教育専門の師範学校の創設が構想された。それが「農村師範学校（Escuela Normal Rural）」あるいは「地域師範学校（Escuela Normal Regional）」であった[12)]。農村師範学校の設置については、公教育省の再建以前から議論があり、1919年および1920年に開催された全国教員会議のなかでも取り上げられている（Civera Cerecedo 2008:33-34）。1920年の第2回会議の記録をみると、「教育の連邦化」というテーマに続いて、第二のテーマとして「師範学校」について議論がなされている。そこでは、師範学校再編のためにはあらたな方向性を受け入れる必要があるとして12の方針が示され、その9番目に農村学校の教員養成について言及されている。

わが国において、非識字と闘うという今日の大きな必要性に対応するため、小規模の村むらには、農村学校のための教員を養成するという観点から、教育の実践的、理論的コースを開設する。このコースは、本来の師範学校の延長として、2年間にわたって実施される（Vázquez Santa Ana 1923:72-76）。

1923年1月の公教育省の公報には、師範学校のカリキュラムが提示され、そこでは、一般の師範学校の教育課程が5年間であるのにたいし、農村師範学校のそれは2年間とされ、基本的な教科についてはほぼ同じ内容であった。さきに引用した第2回全国教員会議の方針でも、師範教育は5年間、農村師範は2年間とされている。ただし、公報においては、農村師範学校の課程において学生が身につけるべき能力として、基礎教育を付与すること、および、農業や農村地域に適した小規模工業の指導ができることのふたつがあげられており、農工業の学習に一日3時間以上があてられるよう計画されていた（Meneses Morales 1986:371-376）。

農村教育を担う人材の養成という社会的要求をまえに、1922年、ミチョアカン州タカンバロ（Tacámbaro）農村師範学校、ドゥランゴ州ゴメス・パラシオ（Gómez Palacio）農村師範学校、さらに、1923年、イダルゴ州モランゴ（Molango）地域師範学校、ソノーラ州ウアタバンポ（Huatabampo）農村師範学校が開校する。これら初期の農村師範学校においては、校舎や備品などをはじめ学校としての設備が十分に整っておらず、学習計画も不明確なままであった。さらに、農村教育において重要な位置を占めている農業および小規模工業の実習に必要な土地や用具が不足していたため、教室における学習が中心とならざるをえなかった（SEP 1928b:279, 286、Civera Cerecedo 2008:35-38）。

1924年、バスコンセロスが公教育大臣を辞任したのち、1920年代後半、プイグ＝カサウランク大臣、サエンス次官の時代になると、農村学校および農村師範学校、文化伝道団など、農村教育制度の整備がさらに進められた。農村教師の養成機関については、1925年から1927年にかけて、プエブラ州、トラスカラ州、モレーロス州、サン・ルイス・ポトシ州、ケレタロ州、ゲレーロ州、オアハカ州にも農村師範学校が設置された（SEP 1928b:229-353）。1927年には、プイグ＝カサウランク大臣の名前で、農村師範学校の目的、設置場所や付属施設の規模、カリキュラム、資格認定など、全8章からなる細かな規定が発表された。第5章では、入学希望者の要件として、基礎初等教育（小学校4年）を終了した15歳以上の男子および14歳以上の女子と規定されている（SEP 1928b:223-226）[13)]。

農村教育制度の整備が進む一方で、この時代は、カトリック教会の弱体化をねらう連邦政府の反教会的政策に反発するカトリック教会やそれにしたがう住民の抵抗、農村地域への政府の介入を嫌う地元権力者などの介入などが、農村師範学校における活動の妨げとなっていた。そのため、農村師範学校はその開校から一貫して教育活動を続けることが困難な場合も多く、閉鎖や移転を余儀なくされた学校もあった[14)]。また、実習に必要な土地や用具の確保など、農村師範学校には多くの費用がかかることから、各学校とも非常に厳しい財政状態にあった。

こうした状況のなか、農村師範学校の実際の運営にあたっては、連邦政府がすべての費用を負担するのではなく、公教育省が州や市政府と協定を結んだり、地域住民の協力を得たりする場合も少なくなかった。また当時、州政府が設置する師範学校についても、州政府の財政が厳しいなかで、連邦政府がなんらかのかたちでそれを援助することもあった。たとえば、革命後のトラスカラ州における教育問題を研究するロックウェルによると、師範学校の維持費用がかかりすぎるため、州知事が連邦政府にたいして師範学校を維持する費用を引き受けるよう依頼している。この依頼は受け入れられなかったが、奨学金については連邦政府の支援があったという（Rockwell 2007:186）。また、オアハカ州においても、フチタンという町に開設されている州立の師範学校にたいして公教育省から一日10ペソの補助が出されていた（AHSEP, DEPN caja 4654:exp.19）。ただし、フチタンには1926年、連邦政府による地域師範学校設置の計画がもちあがり、そのため州立師範学校への補助は打ち切られる。

このフチタンにおける連邦政府の地域師範学校開設をめぐっては、州立の師範学校がすでに地域師範学校という名で設置がされていたため、両者の関係について調整がはかられている。たとえば、いずれかの学校をオアハカ州のほかの町に移すということも解決策のひとつとして検討されている。具体的にどのようにこの問題が解決したのかは、残されている資料が限られているため不明なところも多いが、州立の地域師範学校は6年間の教育課程をもち、連邦立の学校は2年間のみということから、州立学校を中等教育機関あるいは工業教育機関と位置づけたか、ほかの町に移転させたかしたうえで、連邦立の学校を師範学校として開校するというかたちで決着したようである。このフチタン地域師範学校にかんする公教育省への報告書には、フチタンの地元当局や地元住民の協力を得ていること、連邦政府の予算だけではやや不足するため州政府に補助を申請したことなどが記されている（AHSEP, DEPN caja 4654:exp.19）。こうしたことから、少なくともオアハカ州の地域師範学校をめぐっては、連邦政府と地方自治体が協力関係を築いていたことがわかる。

こうして農村教育を担う教員の養成機関が少しずつメキシコ各地につくられていくものの、十分な学生数を集めることができない学校や多くの学生が中途退学する学校もあった。たとえば、トラスカラ州の師範学校では、1921年にはわずか13名の学生が登録しただけであり、州政府が市町村から選ばれた学生に奨学金を給付していたにもかかわらず、1922年には、20名の募集枠にたいして給付を受けたものは5名しかいなかった。ロックウェルはその理由について、おそらく、教員という職業の展望があまり魅力的ではなかったのであろうと推測している。加えて、村出身の若者が都市社会のなかで軽蔑されることを恐れていたとも指摘する（Rockwell 2007:185-186）。また、1920年代初期に設立されたタカンバロ農村師範学校では、1922年から1927年までに男女あわせて274名が登録するも、卒業した学生はわずか39名にすぎなかった（SEP 1928b:285）。登録者数や卒業者数については学校や時代によって差があるものの、いずれにしても、農村師範学校だけでは十分な数の教員を養成することは不可能であった。

上述のとおり、農村教育においては、読み書き計算という基礎教育に加えて、農村地域の生活向上につながるさまざまな知識が必要とされた。とりわけ、地域の特性にもとづいた農業や小規模工業の振興はもっとも重要な農村学校の役割と考えられていた。そのため、1926年、農業振興省（Secretaría de Agricultura y Fomento）が、農業の専門家および農業指導のできる教員の育成をめざして、農業中央学校（Escuela Central Agrícola）と呼ばれる農業学校を創設した。さらに、1933年に公教育省に農業教育農村師範課（Departamento de Educación Agrícola y Normal Rural）という部局が創設されると、農業中央学校はこのあらたな部局に移され、農村師範学校および文化伝道団とあわせて農民地域学校（Escuela Regional Campesina）として再編される[15)]。その目的として、完成された技術をもつ農業労働者、農村地域の問題解決に貢献できる教員、そして、農村地域における経済発展や家庭生活の向上にかかわる専門家などの人材を養成することがあげられている。そして、この学校組織やそこでの労働それ自体をつうじて、学校が設置されている地域の発展を推進することが目標とされた（SEP 1940:11-14）。

農民地域学校の教育課程は4年間とされ、最初の1年間で初等教育を補完するための授業が実施され、つぎの2年間が農工業教育、そして最後の1年間が教員養成にかんする教育となっていた。また、この農民地域学校には、それが設置される地域の地理的、経済的、社会的環境の調査をおこない、また、それにもとづいて社会活動を実施するための付属機関の併設が計画された。さらに、この学校の設置を推進したナルシソ・バソルス（Narciso Bassols 1897-1959）公教育大臣は、農村医療、獣医学、ソーシャル・ワークなどの科目を加えて、将来的には農民大学のような上級の教育機関の創設も視野に入れていたという（Castillo 1965:357）。メキシコの教育政策史を研究するメネセス＝モラーレスは、この農民地域学校は、1930年代において大きな成功を収めた実験であったと述べ（Meneses Morales 1988:80）、シベーラ＝セレセードもまた、さまざまな困難をかかえながらもこの時代を農村教育の絶頂期であると指摘し、農民地域学校が地域住民に認められ、農村出身の学生やその家族にとって社会的地位を向上させるための源泉となったという（Civera Cerecedo 2008:27, 151-170）。その一方で、農民地域学校およびその前身である農業中央学校が、広大な土地を所有する農園となり、学生や地域住民の労働力によって利益を得る組織へとかわっていったという問題点を指摘する研究もある（Loyo Bravo 2004）。

1920年代から1930年代にかけて、組織や内容を変化させながら整備されてきた農村教師の養成制度は、その実際の運用状況やそれによる影響という点において、地域や時代によって大きく異なっていた。しかもこの時代においては、農村地域の学校教育が急速に拡大していくなかで、少数の農村師範学校だけで農村教育全体をまかなうだけの教員数を確保することは不可能であった。当然のことながら、師範学校を途中で退学したものをはじめ、教員養成にかんする訓練を受けたことのない資格をもたない多くのものが、農村学校の教員として採用されていたのが現実であろう。そして、1920年代末以降、農村教師の質がさらに問題視されるようになるにつれて教員採用の基準が厳しくなるなかで、師範学校を卒業して資格を得ているかどうか、資格を得ているとすればいずれの師範学校を卒業しているのかなどといった点が問われるようになる。すなわち、師範学校が、農村地域内の住民間や教員間において格差を生み出す機能をはたすことになった。さらに、師範学校が一部のものの社会上昇の手段となり、その結果、教育を受けた若者が出身地から離脱し、都市部へ移住するということにもつながったのである。

## おわりに

20世紀前半、学校教育を全国に普及しようとする政策が、農村教育およびそれを担うあらたな専門職としての農村教師を生み、農村師範学校の設立が要請された。さらには、上位の高等師範学校の設置や、公教育省をはじめとする連邦政府、地方政府内における教育関連部局の創設などによって、農村教育関連の職が増えていく。その結果、師範学校卒業生は、農村教師となるだけではなく、高等教育機関への進学や、経済的、社会的地位のより高い教育関連の職に就く機会を得ることになる。そして、教員資格をもたない教師と師範学校卒業生とのあいだだけではなく、師範学校の卒業生のあいだでも社会的、経済的格差が生じるようになる。すなわち、教員養成制度の拡大および整備にともない、教員のあいだで地位や給与などの待遇をめぐり階層化が起こってきたのである。そして、教員数が増大し、その階層化が進むにつれて公務員である教員の利害も多様化し、教育職に携わる人びとの利益を守るための教職員組合のような組織もつくられていく。すなわち、農村教育の拡大にともなう農村教師養成制度の整備が進むにつれて、教員の多様化、階層化、そして組織化が進んでいったのである。

**注**

1) メキシコにおける教師という職業は、19世紀には自由業として位置づけられていたが、19世紀後半から師範学校が整備されていくなかで、国家によって認定される専門職へと変化したと指摘される（Arnaut Salgado 1996:24-26, Civera Cerecedo 2008:24）。その意味において、「教師」ではなく「教員」とするほうが適切であると思われるが、本書においては、“maestro rural”を「農村教師」と表記する。
2) ベラクルス州ハラーパに設置されたベラクルス師範学校が設立当初にたてた6年間の授業計画では、スペイン語、数学、教育人類学（教育学・生理学・衛生学・教育心理学の入門)、フランス語、英語、デッサン、歌唱、体操、自然科学、地理、歴史、公民、論理学、道徳、経済学などの科目が設定され、2年次において自然科学の一部として農工業に関連した科目が計画されていた（Zilli 1961:20-22）。しかしそれは、かならずしも農村地域における教育を想定して組まれた授業科目ではないと思われる。また、1910年代後半に出された初等教育向け師範教育計画では、スペイン語、数学、地理、歴史、化学、デッサン、音楽、体育、軍事訓練、英語などに加え、動植物、手作業、衛生にかんする科目がおかれているが、農工業など農村教育に関連する授業科目は設定されていない（Meneses Morales 1986:200-201）。
3) メキシコには、独立達成直前の1819年、スペインから導入されたランカスターおよびベル方式の相互教育を実践する学校が設置されたといわれる。1822年にランカスター協会が設立され、翌年には、ラ・フィラントロピーア（La Filantropía）と呼ばれる教員養成学校が開設された。ランカスター協会は、独立後、建物の提供など政府の援助を受け、また、政治家など多くの有力者からの寄付をもとに基金をつくり学校建設の資金にあてた。その後、協会は、政治状況によって短期間、閉鎖を余儀なくされることもあったが、1890年、教育の権限を国家が掌握しようとしたディアス政権のもとで廃止されるまで存続し、メキシコの教育普及に多大な影響を与えた（Almada 1967:115-125、Ramírez Camacho 1979:14-16、Curiel Méndez 1981:427-428）。

4) ラミーレス＝カマーチョは、初期の師範学校のひとつとして、1849年に設置されたサン・ルイス・ポトシ州の師範学校をあげ、どれがはじめての師範学校かについては立証可能な情報はないとする（Ramírez Camacho 1979:18）。クリエル＝メンデスと同じく、1824年オアハカ州、1825年サカテカス州、1928年グアダラハラ市、1928年チアパス州に師範学校が設置されたとする研究もあり（Dueñas Montes 1985）、独立直後の師範学校の歴史については資料によってやや相違がみられる。

5) レブサメンは、1857年スイスに生まれ、チューリヒ大学で初等・中等教育の教員資格を取得したあと、ドイツの学校で校長を務める。その後、メキシコにわたり商家で家庭教師として働いたのち、言語学、歴史学、社会学などの研究をしながらエッセイを新聞に発表していた。ディアス大統領がレブサメンの仕事に関心をもち、ベラクルス州知事に彼を推薦したことから、メキシコにおける教育活動にかかわることとなった。

6) 第4章で述べたとおり、1905年には、法務公教育省の改組により、教育部門が独立して公教育芸術省が設置され、シエラが大臣に就任する。しかし、1917年憲法において、公教育芸術省も高等教育担当の大学局へと縮小され、高等教育前の教育については州または市の管轄であるとされた。

7) 1910年と1914年に出された基礎教育法の原語はそれぞれ、Ley de Instrucción Rudimentaria、Ley de Enseñanza Rudimentalである。

8) こうして誕生した学校は「村の家（Casa del Pueblo）」と呼ばれ、1920年代後半には「農村学校（Escuela Rural）」として制度化された。詳しくは次章で論じる。

9) たとえば、1924年にヌエボ・レオン州において実施された文化伝道団の研修に参加した教員の登録名簿によると、最年少の教員は、州または市立の学校に勤務する13歳の教員で、連邦立学校の教員の最年少は15歳であった（AHSEP, DEPN caja 4654:exp.4）。

10) ローヨ＝ブラーボは、農村教師を「多才な人物（personaje polifacético）」と呼んだ（Loyo Bravo 2006:297）。

11) エヒードとは、もともとは先住民共同体に属する成員が共同で利用する牧草地や山林などの共有地をさすが、メキシコ革命後の政権によって進められた農地改革によって、土地の利用権を与えられた農民の集団組織とその土地のことをさす。詳しくは、石井 2008、第Ⅱ部を参照のこと。
12) 農村師範学校（Escuela Normal Rural）、地域師範学校（Escuela Normal Regional）という名称のほか、地域農村師範学校（Escuela Normal Rural Regional）と呼ばれることもあった。
13) 入学要件にある学歴や年齢については、実際の運用にあたって厳密に守られていたわけではなかったようである。
14) シベーラ＝セレセードは、農村師範学校の移転について、連邦政府の学校にたいする反対によってやむをえずおこなわれたという側面と、農村師範学校の影響力を異なる地域に拡大しようとする政府の意図があったと推測する（Civera Cerecedo 2008:37）。
15) ただし、すべての組織が一度に農民地域学校に吸収されたわけではなく、その後も存続する学校もあった。また、文化伝道団や農村師範学校はその後、再開することになる。

# 第6章　社会改良運動としての「農村教育」

## はじめに

1921年、バスコンセロスを初代大臣として公教育省が再建され、教育をつうじた国家権力の支配の手が、都市から離れた農村部までのびていく道筋が徐々につけられていく。ここで注目すべきは、バスコンセロスが考えていなかった先住民教育にかんする専門の組織を公教育省内に設置する動きがあらわれてきたことである。さきに述べたように、彼は、公教育省の基幹となる部局として、学校課、図書館課、芸術課の三つの課を連邦公教育省設置法案に盛り込んだが、議会においては、さらに先住民教育文化課（Departamento de Educación y Cultura Indígenas）と識字運動にかんする組織があらたに加えられた（Aguirre Beltrán 1992:68）。大臣となったバスコンセロス自身は、メキシコ国民すべてに同じ教育を与えるべきであるという立場から、先住民にたいして特別な教育をほどこすことには否定的であり、先住民教育文化課の設置には反対であった。それにもかかわらず最終的にこの課の設置が承認されるが、バスコンセロスは、先住民にたいする特別な教育をあくまでも通常の教育を与えるための導入として位置づけようとした。

しかしながら実際は、前章で述べたとおり、都市部でおこなわれる教育とは異なる農村地域独自の教育として「農村教育」が構想されることになった。このことは、先住民にたいする特別な配慮の必要性が、ガミオやサエンスなど、インディオのおかれた社会的、文化的状況の改善を求める当時の支配層のなかで広く認識されていたことを示している。本章においては、特別な教育として構想された「農村教育」が具体的にどのようなものであったのかを明らかにしたい。

## 1.「村の家」と「文化伝道団」

公教育省内に先住民教育文化課がおかれた背景には、先住民の多く住む農村地域が、都市部とは大きく異なり経済的、社会的に非常に厳しい状況におかれているという認識が当時の支配層に共有されていたということがある。たとえば、先住民教育文化課の課長エンリケ・コローナ＝モルフィン（Enrique Corona Morfín 1887-1977）が公教育大臣に提出した報告書には、先住民のおかれた状況にかんしてつぎのように述べられている。

> 一般的に、（先住民は）スペイン語を知らず、メキシコのほかの地域とは連絡の悪い離れた地域に住み、経済的状況は厳しい。彼らはものとして不当にあつかわれてきたため、いくつかの民族においては、みずからが進歩していくためのエネルギーを奪うような無気力の状態が生じた。確かにきわめて正当なことであるが、先住民は自分たちを取り囲むメスティーソや白人に不信の念を抱いていた（BSEP 393-394）。

「文化伝道団」の創設を議会に提案した国会議員であり、プエブラ師範学校に学んだ教育家でもあるホセ・ガルベス（José Gálvez 1873-1945）もまた、先住民社会が歴史的に抑圧されてきたため、「遅れた」状態のままであるという。

> インディオにたいする愛をもったもっとも有能で決然としたものによって、メキシコの真の征服に着手することのできる有効な集団が形成されるよう、適切に教師スタッフを選別するときである。真の征服とは、何世紀もまえから、はじめはスペイン人征服者によって、やが

ては（……）クリオーリョによって搾取され、無気力な状態にある半数の住民を文明化することである（Gálvez 1923:14）。

コローナ＝モルフィンやガルベスもまた、「劣等な」人種である先住民がメキシコ全体の発展にとって障害となっているというそれまでの通説を疑問視し、メスティーソや白人に劣ることなく同等の能力をもつものとして先住民をとらえていた。こうしたとらえかたは、とくに19世紀以降ヨーロッパで流行し、ラテンアメリカにも大きな影響を与えていた白人をもっとも優秀であるとする白人中心主義的な人種論を否定するものであった。そして、ガミオやサエンスと同じく、先住民の能力よりもむしろ、彼らがおかれている環境や歴史的、経済的状況のほうを問題にしたのであった。コローナ＝モルフィンは、人種ではなく環境の問題を解決することが重要であるとしてつぎのように述べる。

もし、先住民の住居、服装、散在、経済的状況、教育が向上するならば、一言でいえば、インディオの住む環境がおかれている社会的、地理的に特別な状況が彼らのために改善されるならば、ほかのあらゆる民族の人びととも同様に、彼らは現代文化を受け入れるだろうとわたしは確信している（BSEP 394）。

第2章で論じたように、当時、農業勧業省の人類学局で働いていたガミオもまた、コローナ＝モルフィンとまったく同じ見解を示している。先住民はメスティーソや白人と同等の能力をもっており、その社会的、経済的、地理的状況が改善されるならば、彼らは現代文化を受け入れ発展するだろうという考えを裏返せば、先住民の文化はメスティーソや白人のそれと比べ「遅れて」いるとみなしていることにほかならない。先住民は、人種的、生物的に劣っているのではなく、社会的、文化的に「遅れて」おり「無気力」となっているが、その原因は先住民自身にあるのではなく、彼らを抑圧してきたこれまでの歴史や、都市から隔絶された地理的条件にあるとされたのである。すなわち、「人種」による優劣ではなく、広い意味での「文化」による発展段階の違いをみいだすことによって、先住民を差異化あるいは序列化するいわば文化主義的な視点が導き出された[1]。これこそが、この時代、先住民教育行政に携わっていた多くの担当者たちに共有されていたインディオの現状認識だったのである。

こうした視点からすると、先住民社会が「遅れた」状態からぬけだし「発展」するためには、彼らのおかれた特殊な文化的、社会的、経済的状況を改善することが必要であるということになる。そこで、前章で述べたような先住民にたいする特別な教育と、それを担う特別な人材の必要性が認識されるようになったのである。そして、その特別な教育において中心的な役割を担わされたのが農村の状況を知る農村教師であり、その教師によって1920年代前半に組織され運営されたのが「村の家」と呼ばれた「学校」であった。さらに、この「村の家」は、1920年代後半になると「農村学校」として制度化されることになる。そして、「村の家」、「農村学校」を指導する専門家集団からなる「文化伝道団」が、バスコンセロス公教育大臣の時代に組織されたのである。

公教育省が再建された翌年、1922年にオブレゴン大統領が議会でおこなった先住民教育文化課にかんする報告によると、公教育省は、非識字撲滅を目的として、先住民居住地域の経済的、文化的状況にかんする調査をするため教師からなる調査団を派遣している。この教師を派遣する制度が、バスコンセロスによって開始された「巡回教師」の制度であるが、彼らはこうした調査とともに、スペイン語の読み書き、農業、計算、公民などの基礎教育を住民にほどこした。また、反アルコール指導、貯蓄や協同作業などのあらたな習慣の形成、土着の演劇や地元農産物にたいする興味の喚起といった任務も担っていた（SEP 1926:220）。そうした活動には、巡回教師によって即席の教育を受けた若者が補助教師として協力し、また識字運動には、すでに読み書きのできるものが名誉教師（profesor honorario）として動員されていく。「村の家」と呼ばれるようになる「学校」は、こうした活動のなかから生まれてきた。

しかしながら、先住民教育への関心が高まり、そのための組織が整備されていく一方で、実際の活動を担う教師や教師を養成する機関が絶対的に不足していることが、先住民の多く住む農村地域における教育普及運動にとって大きな課題として浮かび上がってきたのである。そうした農村教師不足を解消するために組織されたのが、「文化伝道団」という教師および専門家集団であった。国会の教育委員会のメンバーとしてこの組織の創設を提案したガルベスは、それまでの巡回教師による活動の限界を指摘し、つぎのように伝道団の目的を述べる。

> 公教育省は、今日まで何百人以上もの巡回教師を派遣してきたが、その仕事はたんなる調査であると考えることができる。しかしながら、わずかな例外を除いて、有効な仕事を実現したものはほとんどなく、これらの巡回教師の努力はほかの活動へと弱められていった。2年間の調査によるデータと経験をもって、インディオの文明化という作業を効果のあるものとするための真の運動に着手するときである（Gálvez 1923:13）。

ガルベスによると、それまで派遣されていた教師は、農村の生活に必要な知識に乏しい師範学校出身の教師であった。さらに彼は、巡回教師の多くは政治的な力によって教師に任命され、勤務先では教育よりも商売にいそしむなどその本来の任務を忘れ、公教育省にたいする不信感を住民に植えつけたと厳しく非難している。そして、巡回教師というかたちではその活動を統制することが難しいことから、さきに引用したとおり農村教育にもっとも適した人材の選別が必要であると説く（Gálvez 1923:14）。この時代、農村教師の絶対数の不足に加えて、都市で教育を受けた教師は農村の生活に関連する知識を欠くだけではなく、農村生活を嫌って地域に根づかないなど、農村教師養成にかかわる問題点が数多くあったことについてはすでに述べたとおりである。文化伝道団は、こうした農村教師の不足を解消し、先住民へ教育を普及するための「真の運動に着手する」ことを可能にするより有効な組織となるべく誕生したのである。

1923年に活動を開始し、1920年代後半にもっとも活発に活動することとなる文化伝道団は、教育、農工業、医療、ソーシャル・ワーク、音楽、スポーツなどさまざまな分野の専門家によって構成され、先住民人口が比較的多い地域を探し、ひとつの地域に3週間滞在して活動をおこなった。その第一の目的は、さきに述べたように農村地域で働く教師の現職教育であった。しかし、それだけにとどまらず、農村住民の生活全般の改善にむけて、農村教師だけではなく、住民を相手に直接さまざまな教育や訓練をおこなっていたことは重要である。文化伝道団の1927年活動報告書のなかで、当時の公教育大臣プイグ＝カサウランクは、この組織の目的をつぎのように規定する。

> その第一義の目的は、連邦教師の専門的な向上であり、その第二は、といってもその重要性が低いというわけではないが、それらの文化伝道団が活動している村むらにおいて、文化の向上、衛生状態の改善のための有用な宣伝をおこなうことである（SEP 1928b:3）。

この伝道団は、農村学校を組織し、指導するという重要な使命をもった1920年代以降のメキシコにおける農村教育普及運動の中心的な担い手であった。と同時に、学校教育の範囲をはるかに越えた国家による強力な農村社会改良運動を、農村の住民と直接接触することによって推進していく最前線の専門家集団だったのである。文化伝道団や「村の家」でおこなわれる活動は、たんに読み書き計算といったいわゆる基礎教育に限られるものではなかった。コローナ＝モルフィンは、農村教育を社会改革に結びつけることがメキシコにおける農村教育のありかたであるとして、つぎのように主張する。

> 教育の切実な欲求というものは、40名かそれ以上の子どもやおとなを、ほどよく白塗りされた四つの壁のなかに囲い込み、ほんの些細な

> 個性の表現も許さず、まじめにじっとさせておくことを意味しているのではないと考えられる。われわれは、学校の目標がたんに読み書き算を教えるだけであるとは思わない（……）。先住民の集団すべてを識字化するということは、疑いなく、わが国の経済にとってもっとも重要な要素のひとつであるが、識字化が先住民の一団を救済し、（……）人間の次元にまで上昇させるために不可欠な社会改革をともなわなければ、先住民が被っている災難にたいする一時しのぎにしかならず、彼らは機械の部品であり続けるだろう（BSEP 396）。

「村の家」は、教室に生徒たちを集めて一斉教授によって知識を伝達するだけの場所ではなく、先住民を「人間の次元にまで上昇させるために不可欠な社会改革」をもたらす場としなければならないと当時の先住民教育行政の責任者は述べる。それでは、その「社会改革」をもたらすためには、どのような活動が検討されていたのだろうか。コローナ＝モルフィンの報告書によると、スペイン語教育および読み書き算といった基礎教育のほかに、「村の家」における教育内容としてさまざまな活動が計画されている（表1）。

文化伝道団の活動内容も上記の計画とほぼ同様である。1923年、イダルゴ州サクアルティパンに派遣された第1回文化伝道団の構成員は、団長のロベルト・メデジン＝オストス（Roberto Medellín Ostos 1881-1941）[2)] 以下、農村教育、石鹸および香水づくり、皮なめし、農業、音楽、体育、ワクチン接種という分野の専門家からなっている。翌年、モレーロス州クエルナバーカに派遣された第2回の伝道団では、上記の専門家に加え、家庭生活の改善を目的として、裁縫や料理などの家政学や、畜産業、養蜂業、大工仕事の専門家も加えられた。その後も、地域によって若干の違いがありながらもほぼ同様の構成で、プエブラ、イグアラ、コリーマ、マサトラン、エルモシーリョ、モンテレイ、パチューカ、サン・ルイス・ポトシの各都市を中心として六つの文化伝道団が活動をおこなった。

こうして1920年代前半に、農村に密着した「村の家」という教育施設

**表1　「村の家」における活動計画**

| | |
|---|---|
| 農業 | 種子の選別、肥料、接ぎ木、播種、栽培、収穫、害虫駆除、樹木の植えつけなど。 |
| 園芸農・畜産業 | 養蜂、養鶏、養蚕、兎・羊・山羊・牛馬の飼育、果物・野菜の保存、花・果物の梱包。 |
| 地場産業 | 陶器、繊維、オターテ、トゥーレ、アシ、ヤシ、ゴムなどの製品の製造*。 |
| 手作業 | 工作、皮なめし、理髪、石鹸づくりなど。 |
| 家政<br>（女子向け） | 修繕・繕い縫い、部屋着・パジャマ・子ども服などの簡単な衣服づくり、料理（パスタ・野菜・鶏などのスープ、異なる種類の肉や野菜の入った地域の簡単な地元料理）。 |
| 素描 | 手作業に関連するもの。べつに出される指導にしたがう。 |
| 自然にかんする知識 | 農業活動や園芸農・畜産業および見学をつうじたつぎの点にかんする観察・討論・実習。太陽と月の影響、雲と雨、地域の地形、既知の動物の世話と観察、衛生習慣形成のための皮膚・髪・口・鼻・耳・目の簡単な観察。 |
| 社会生活 | 「村の家」と村との関係にかかわること。「村の家」が提供する、あるいは村人の協力で開かれる定期的な昼食会、家族のパーティや国民祭・市民祭の開催、協力・協同の精神の促進と発展、労働・生産・消費・分配の協同組合として機能する自立した「村の家」の追求。 |
| その他 | 社会見学、農工業や芸術・文化の宣伝のための映画の利用、衛生習慣の形成、スポーツ集団・運動会や楽団の組織、あらゆる活動をつうじた日常的な道徳教育。 |

出典）BSEP 397-400。
* オターテ、トゥーレとはいずれも、建築資材や日用品をつくるための材料となる茎や繊維をとるための植物のこと。

の設立と、それを指導する「文化伝道団」の派遣が連邦政府によって開始される。そして、1926年、サエンスが公教育省次官となったプルタルコ・エリーアス＝カーリェス（Plutarco Elías Calles 1877-1945）政権下において、「村の家」は正式に「農村学校」という名称を与えられた。また、公教育省内には「文化伝道団部（Dirección de las Misiones Culturales）」が設置されて常設の伝道団がおかれるにいたって、バスコンセロス公教育大臣の時代にはじまる農村教育普及の体制がさらに整備され拡大していくのである[3)]。そこで、以下の節では、1928年に公教育省から出された『1927年文化伝道団活動報告書』をもとにして、その活動内容と機能について検討したい。

## 2. 文化伝道団の活動とその機能

「村の家」や「文化伝道団」の活動は、上述したカリキュラムにあるようないわゆる「実学」を中心としたものになっている[4)]。たとえば、ナヤリー州の文化伝道団報告書には、そうした方向性が明確に示されている。

> われわれは、真に教育的な観点にたって、文化全般のセンターとして学校を改良するため、教師たちにより合理的な内部構成を推奨した。その構成は、啓蒙的な教科は少ないが、しかし、実際の生活に応用できるものを増やした計画をもっていた（SEP 1928b:93）。

「実際の生活に応用できるもの」を教えるところとして学校を位置づけるということは、ナヤリー州だけに限らず、当時の農村教育の中心的な考えであり、そうした活動をおこなう場所として学校には可能な限り農場や作業場、家畜の飼育場などが併設された。そこでは、子どもだけではなくおとなも含めた村の住民が、実際に作業をしながら農工業生産に必要な知識や技術を身につけていく。それは、自給のための生産活動にとどまるだけではなく、居住地域以外の市場などで販売する商品を生産するための訓練でもあった。実際に、限られた教育予算を補うため、併設の農場や作業場で生産された品物を売り、そこで得た収入を学校で必要なものの購入にあてることも多かったようだ。当時の農村教育の代表的な教育家であったラミーレスは、みずからが参加した第1回文化伝道団の活動を振り返り、農工業の普及が村の経済的発展を促進するというあらたな考えが、文化伝道団のおこなった活動によって公教育省の幹部にもたらされたと指摘する（SEP 1928b:24）。すなわち、農村での教育活動は、農工業製品の生産に従事する生産者を育成するための技術訓練となっており、それが家庭や地域の経済的発展につながるということが文化伝道団によって具体的に示されたのである。

この点にかんして、イダルゴ州の活動報告には、つぎのような興味深い事例が記されている。

> ある地域では、文化伝道団が住民によりよい生活の機会を与えた。たとえば、テスココでは、ある男の子が皮なめしに従事し、毎日野原に出かけてリスやほかの動物を狩り、皮をなめして市場に売りに出かけた。革を売り、自分の労働の成果を未亡人である母親に走ってもっていき、それが弟たちを養うのに役立った。この少年は、文化伝道団が来るまえは、通りをうろつき家族の負担となっていた。やがて彼は、生産者の一員となり、家族の真の支えとなった。この少年は、伝道団の工業担当教師のことばによると、皮なめし職人となるであろう（SEP 1928b:105）。

伝道団の指導によって少年が技術を身につけることは、少年の家庭の家計改善に役立つという側面があると同時に、少年が革を生産しそれを売ることによって現金収入を得るという地域の経済活動に参加するということにもつながる。少年がかかわるのは限られた狭い地域での経済活動ではあるが、その活動は、国民経済へ結びついていく可能性をも秘めているはずである。

国民経済の創出という点に関連した事例として、ソノーラ州マグダレーナに派遣された伝道団による活動について、つぎのような実践報告がなされている。それは、講演会、フェスティバル、チラシ、展示会をつうじて、メキシコ独自の民間伝承や習慣、芸術、産業などを住民に伝えるためにおこなわれたキャンペーン活動のなかで、メキシコの通貨やメートル法による度量衡制度を商業活動のなかで利用するよう奨励されていたというものである（SEP 1928b:75）。皮なめしに限らず、農村教師や文化伝道団の指導にもとづき身につけたさまざまな農工業の技術によって商品をつくりそれを市場で売るためには、当然のことながら、メキシコの通貨や度量衡制度の知識が必要となってくる。それは、交通網が発達し商品の流通が拡大していくにつれてますます重要となってくる。すなわち、少年が受けた皮なめしの授業は、たんに家計の助けとなる技術を獲得するためだけではなく、少年を「生産者の一員」として、また逆に、生産したものを売って得た収入によってべつの商品を買う「消費者」として、国民経済のなかに組み込んでいくための訓練ともなっていたのである。

さらに、その少年の活動は、生産者・消費者を育成するための訓練ということにとどまらない。そうした行為によって少年は、「通りをうろつき、家族の負担」であることをやめ、母親を助け、弟たちを養う「家族の真の支え」となり、将来は皮革をあつかう職人となることが期待されているのである。すなわち、少年にたいするひとつの技術訓練が、子どもたちの技術の修得とそれにともなう生活水準の向上といった成果をあげるだけではなく、同時に、家族を助ける立派な少年となるような道徳的な効果をもつことにも結びつけられている。ここに、当時の農村教育運動のもつもうひとつの役割をみることができる。それは、農村地域の生活の向上と地域経済、あるいはメキシコ全体の国民経済を発展させるということのほかに、住民たちの道徳を向上させるということであった。

技術訓練と同様、たとえば、体育やスポーツ、衛生教育、反アルコール指導などもまた、道徳教育の役割をもっていた。いうまでもなくそれらは、病気を予防し、身体を鍛えて健康な生活を送るという衛生推進活動であるが、同時に、それをつうじて精神においても「健全」な身体をつくることがめざされている。バハ・カリフォルニア州の報告には、「若者を、お気に入りの唯一の楽しみである酒場とビリヤードから引き離すためスポーツ・クラブを組織して」（SEP 1928b:82）とあり、スポーツが、若者を「悪習」から引き離すという道徳的目的をもっていたことが明確に記されている。ヴォーンは、この時代にメキシコの農村学校でおこなわれていたスポーツ大会にかんしてつぎのように指摘し、当時の支配層がスポーツをつうじた農村住民の心身の「健全化」を願っていたと主張する。

> 都会に住む公教育省の教育家たちは、スポーツが、農村住民の制御できない衝動や激しい情熱を規律化できると期待していた。彼らは、運動会が賭博や酒と結びついた闘牛や闘鶏にとってかわり、「退廃的な人種」を活性化するだろうと願っていたのである（Vaughan 1994:224）。

また、イダルゴ州にある農村師範学校からは、「衛生は、道徳や公民と同様に、学生生活すべての活動をめぐって根気強く実践されてきた」（SEP 1928b:298）と報告され、ここでも衛生教育が、道徳や公民の教育と同列にあつかわれていたことがわかる[5)]。すなわち、スポーツ活動や衛生教育、そして技術訓練といった教室外の活動は、その本来の目的に加えて、道徳的目的をもったいわば住民の心身の管理の手段ともなっていたのである。

さらに、教室内でおこなわれる活動もまた、生活向上のための知識を獲得するという本来の目的を越えて、あるひとつの方向性を有していた。教室内での活動のなかでとくに重視されていたスペイン語教育にかんして、農村教育の専門家であったラミーレスは、ある講演のなかで農村教師にたいしてつぎのような忠告をしている。

> もしきみが、われわれの科学や知識を（先住民の）子どもたちに与えるため彼らの言語で話したならば、われわれがきみにもっていた信頼を失うことになるだろう。なぜならば、きみが統合されてしまうという危険をおかすからだ。子どもたちの言語を使うことに慣れることからはじまり、気がつかないうちに、子どもたちの属する社会の習慣を、やがては劣った生活様式を身につけていき、ついにはきみ自身がイン

ディオになるだろう（Ramírez 1976:65）。

民族的、言語的多様性が国民統合の障害になると考えられていた時代にあって、「国語」となるべきスペイン語の読み書きを徹底して教えるということは、政府にとってもっとも重要な教育政策のひとつであった。ラミーレスに限らず、ガミオやサエンスら当時の教育家の多くは先住民をメキシコ国民の重要な一要素としながらも、農村教師が「インディオ」になる、すなわちメキシコが「インディオ社会」となることに警戒心をもっていた。ラミーレスが、「スペイン語の習得は、同時に彼らの習慣や生活様式よりも優れているわれわれのそれの獲得となるように注意すべきである」と語っているように、彼もまた、ガミオやサエンスと同じく、「インディオ社会」はいわゆる都市白人層の社会に比べて「遅れている」と考えていたのである。そして、農村教師の基本的な役割についてつぎのように述べた。

インディオがわれわれを「理性の人」と呼ぶのは、われわれがスペイン語を話すからというだけではなく、違った様式で服を身につけたり食事をしたりして、彼らとは異なる生活を送っているからであるということを知っておく必要がある。したがって、わたしが思うに、先住民村落の教師としてのきみの役割は、たんに人びとをスペイン語化することにあるのではなく、彼らを「理性の人」にかえることにあるのだ。このようにわたしがきみに述べるとき、わたしは、子どもだけではなく、村全体について言及しているのだ（Ramírez 1976:65）。

つまり、スペイン語教育という教室内でおこなわれるような授業もまた、コミュニケーションの手段としてのスペイン語の習得ということにとどまらず、それをつうじて、「インディオ」であることをやめ、より「優れた」都市白人社会のもつ文化と、メキシコ国民としてふさわしい「理性」とを身につけることがめざされていた。そこには、みずからの「文化」の優位性を相対化することなく、「遅れている」とみなす文化に生きる先住民を一方的に方向づけしようとする当時の支配層の思いをみてとることができるのである。

## 3. 家庭・村・国家

「村の家」や「文化伝道団」をつうじておこなわれる農村教育の対象となったのは、学齢期にある子どもたちだけではなかった。とりわけ注目すべきことのひとつが、生活の中心となるべき家庭を重視し、女性にたいするさまざまな活動がおこなわれたことである。その活動を指導していたのが女性のソーシャル・ワーカー（trabajadora social）であった。ソーシャル・ワーカーは、各家庭を訪問し、あるいは母親や若い女性を集めて、料理、裁縫、出産、育児、衛生などにかんして指導する任務を担っていた。1926年、公教育省内に文化伝道団部が創設されたさい、初代の部長に任命されたのが農村教育とソーシャル・ワークの専門家であった女性のエレーナ・トーレス（Elena Torres 1893-1970）[6)]であったことからも、当時、女性にたいする教育が重視されていたことがうかがえる。

文化伝道団部は、ソーシャル・ワーカーにたいして、教師、村、子どもたちとともにおこなう活動にかんする指示を出している（表2）。そこからもわかるように、ソーシャル・ワーカーの仕事は、衣食住にかかわる基本的な家事労働、家族の健康管理、出産や育児にかんする「近代的」知識や技術を村の女性に伝えると同時に、女性農村教師にとっての手本となることであった。さらに、母親会の組織や村全体でおこなう祭りやイベントの開催によって、近隣住民とのつながりを緊密にすることも重要な仕事であった。それは、家庭や社会における女性の仕事を明確化して、そのなかで非常に重要な役割を担う存在として女性を位置づけることによって、女性を積極的に社会参加させようという試みであった。

女性向けの教育としてたとえば、メキシコ州では、つぎのようなテーマにかんする学習や講演がおこなわれたことが報告されている。

**表2　ソーシャル・ワーカーの活動**

| | |
|---|---|
| 教師とともにおこなう活動 | 衛生、病気予防、合理的な料理法、子育て、裁縫と女性の労働にかんする各コースの開設、家庭および村の生活を向上させるための教師指導。 |
| 村とともにおこなう活動 | 衛生、病気予防、応急処置、ワクチン接種、料理や女性労働を含む家事労働、幼児の食事と子育て、生活改善のための家庭訪問、集会や祭り、家事・祭り・レクレーションにかんする団体やクラブの組織。 |
| 学校の子どもたちとおこなう活動 | ワクチン接種、教師の見本になるような衛生および家事にかんする授業。 |

出典）SEP 1928b:32-33。

> 教師の文化を広げるため、つぎのようなテーマで学習がなされた。(……) 家庭における衛生の必要性、公衆衛生、病気予防と健康維持のための実践。家庭の長、社会的存在、男性の補助者としての現代女性に向けた教育の形態など（SEP 1928b:103）。

> つぎのようなテーマが公衆のまえであつかわれた。「学校は家庭の反映である」、「社会の中心としての近代女性」（……）（SEP 1928b:104）。

家庭は、人びとが生活するうえでの最小の単位であり、それを維持し、再生産していくために中心的な役割をはたすのが母親であり妻である女性であった。そして、女性どうしがつながりを深めることで、個々の家庭がひとつの共同体を形成する。そうした意味において、女性は家庭の中心であるばかりでなく、社会の中心ともなる。しかしながらそれは、あくまでも「男性の補助者」としてであり、女性が家事や育児、家計の補助となる労働などを放棄して、ほかの仕事を求めることは想定されていない。ソーシャル・ワーカーは、生活の向上という使命を受けて、家庭といういわば私的な場所に公的な立場で介入することをつうじて、女性の社会的役割を固定化するという機能をはたしていたのである[7)]。

文化伝道団という末端組織の活動をつうじた国家の介入は、社会の最小単位とされた家庭から、さらに村全体にもおよんでいる。1920年代後半に公教育大臣を務めたプイグ＝カサウランクは、1928年に開かれた農村師範学校校長会議において農村教師の性格についてつぎのように述べている。

> 現在の農村教師は、たんに教育活動だけではなく、社会的な役割によって存在意義が与えられている。この点にかんして、多く場合、農村教師の活動、教師の社会的活動は、あまりにも明確であるとともに広い範囲におよぶため、貧しい学校の狭い範囲を越えて村全体にいきわたり、集団の利益に資する事業に村人を動員している（SEP 1928b:217）。

すなわち、農村教師もソーシャル・ワーカー同様、学校内での教育活動にとどまることなく、村全体にかかわる社会的な問題にも積極的に介入していくことが求められている。たとえば、住民とともに学校そのものを建設することからはじまり、運動場や動物の飼育小屋などの付属施設や学校の備品を作製することそれ自体が、たんに学校施設の整備という物理的な活動にとどまるのではなかった。そうした活動そのものが、住民の学習の場であり、同時に、教師と住民、あるいは住民どうしの連帯感を強めることとなる。また、母親会や子ども会、スポーツ・クラブなどの集団の組織化、あるいは、村全体でおこなわれる祭りなどのさまざまなイベントの開催は、村の一体化を促進するための試みでもあった。ソノーラ州アラモスという村における活動報告には、つぎのように記されている。

> アラモスにおいては、ソーシャル・ワークは相当の成功を収めた。村の分裂やはるか昔から存在する社会階級の亀裂にもかかわらず、集会

> や祭りをつうじて村の一体化を達成した。集会や祭りにおいては、仕事のなかで全員が団結し協力することによって、地域の経済的安定を再構築する方法について話し合われた（SEP 1928b:75）。

こうした活動は村の一体化を進める一方で、同時に、村自体がメキシコという国家の一部であることを人びとに意識させるものともなっている。さきにふれたソノーラ州マグダレーナでおこなわれたキャンペーン「親メキシコ（Pro-México）」は、その一例である。

> マグダレーナにおいては、「親メキシコ」キャンペーンが開始され、人びとのメキシコ化という活発な作業がはじまった。われわれの「民俗」、伝統的習慣、芸術、産業、ニーズを知らせるため、（……）講演会、祭り、文章による宣伝、展覧会などがそのなかで利用された（SEP 1928b:75）。

文化伝道団は、住民が村の一員であると同時にメキシコ人でもあるということを意識させること、すなわち「人びとのメキシコ化（mexicanización）」をさまざまな活動をつうじて試みる。ダンスや音楽などそれぞれの地域の「民俗」を掘り起こすと同時に、ほかの地域のそれを祭りなどをつうじて知らしめる。あるいは、宗教や農業サイクルにあわせた村独自の祭りに加えて、あるいはそれにとってかわるかたちでメキシコ独立記念日に代表される国民の祝日が導入され、独立の英雄を讃え、国家の独立を祝う祭りがおこなわれる。こうして、まったく知らない地域も自分の属する地域も、等しくメキシコの一部をなすものとして感じられ、面識のない人びとがあたかも同胞のように思える「想像の共同体」（Anderson 1983）をつくりあげることにつながっていくよう計画されていたのである。

## おわりに

本章においては、農村学校や文化伝道団を中心とした1920年代の農村教育を取り上げ、公教育省が計画した教育カリキュラムや各地域の実践報告を分析し、つぎのようなことを明らかにした。国家は、住民を心身ともに「健全で」、「近代的、科学的」知識や技術をもった消費者および生産者として、また、国家に忠誠を誓う愛国心をもった「メキシコ国民」として育成することをめざした。そして、個人が所属する基本的な社会単位に家庭をすえたうえで、より大きな社会である村の一体化をはかり、さらにメキシコという国家へと包括しようと試みた。農村教育は、こうした目的をもった国家の重要な政策として構想されたのである。しかしながら、こうした国家主導の農村教育運動が、それを推進してきた指導者たちの思惑どおりに住民に受け入れられたかどうかは、またべつの課題として残っている。

公教育省が出版した1927年活動報告書にも、農村学校や文化伝道団が直面した住民の抵抗や、それによる伝道団の活動の失敗例が記録されている。学校教育にたいして住民が抵抗した理由のひとつとして、「科学的知識」にもとづく教育の普及をめざす国家が、学校教育から宗教を排除し、宗教の信仰を「狂信主義（fanatismo）」として否定したことがあげられる。宗教を否定する国家の姿勢は、多くのカトリック勢力の抵抗にあい、教師の受け入れ拒否や追放、あるいは教師にたいする生活物資の提供の拒否を引き起こした。さらには教師にたいして暴力を加えたり殺害したりする事件も頻繁に起こっている[8)]。農村教師の回想録にも、教師が勤務先の村において、住民の暴力におびえ、ときには村から逃げ出していった様子がなまなましく語られている[9)]。

しかしその一方で、教育の必要性を認め、学校の設置や教師の派遣を公教育省や大統領にたいして要求したり、学校の建設や運営、教師の受け入れにたいして積極的に協力したりする村もあった。その場合であっても、教師とともに住民が建設した学校を子どもたちの教育とは関係のない村の行事に利用したりするなど（たとえば、Rockwell 1996:314）、住民が国家の意図あるいは計画にしたがって学校を受け入れたとは限らない[10)]。すなわち、農村教育の普及のありようは、さまざま要素が複雑にからみあい、地域や時代によって大きく異なっている。こうした多様性に富んだ農村教育という場については、つぎの第3部において詳しく論じたい。

**注**

1) ここで注意しなければならないことは、この時代に人種主義が完全に否定されたわけではないということである。当時、「先住民学生の家」における実践などにみられるように、教育活動の一環としておこなわれた先住民にたいして「文明化」のためのさまざま実験がおこなわれたことや、また、「人種改良のためのメキシコ優生学会（Sociedad Eugénica Mexicana para el Mejoramiento de la Raza）」の創設（1931年）に象徴されるように、優生学が流行したことは、人種が人間を類型化し差異化するための概念として受け継がれていたことを示している。つまり、「人種」のほかに、あらたに「文化」が人間とその社会を序列化する概念装置として加わったのである。そして、この時代の先住民教育運動が、結果として、「人種」においてだけではなく「文化」においてもまた二流、三流の「メキシコ人」を生み出すこととなったことは第3章で述べたとおりである。メキシコをはじめとするラテンアメリカにおける優生学については、Stepan 1991を参照のこと。また、人種や文化、民族をめぐる議論として、トドロフ 1988、西川 1995、とくに第2章、酒井 1996、とくに第7章なども参照のこと。
2) メデジン＝オストスは、化学、薬学を学んだのち、教育関連の職に就く。文化伝道団の団長であった当時、公教育省の事務局長の職にあり、その後、1930年代にはメキシコ国立大学学長、国立工科学院（Instituto Politécnico Nacional）院長などの要職を歴任した。
3) 1926年には、六つの伝道団が42の村に研修所（instituto）を設置し、2,327名の現職教師にたいして研修をおこなった（Sierra 1973:25）。
4) メキシコの農村教育は、第3章で述べたように、サエンスがアメリカ合州国のデューイのもとで学んだことに象徴されるように、少なくとも国家指導層の立場にある教育家たちの一部において、アメリカ合州国の進歩主義教育の実践に影響を受けている。ただし、実際の教育現場においては、農村教師たちの多くがデューイの教育実践についてはあまり知識をもっていなかったと思われる。また、スペインのカタルーニャ出身のアナーキスト、フランシスコ・フェレール＝グアルディア（Francisco Ferrer Guardia 1859-1909）にはじまる「合理主義教育（educación racional）」の影響を受け、ユカタン州、ベラクルス州、タバスコ州などで「合理主義学校」が設置された。サエンスが公教育省次官を務めた時代の大統領エリーアス＝カーリェスがソノーラ州知事の時代に、同州にも合理主義教育が公立学校に導入された。合理主義学校では職業に結びつくような実践的な教育活動がおこなわれていたという（松久2012:105-108）。そのほか、革命後のメキシコにおける教育改革においては、ロシア革命後のソビエトの教育改革なども参照されたが、それがどの程度受容されたのかは今後の課題としたい。

5) フランスの歴史家ヴィガレロは、19世紀のフランスにおいて、産業都市の勃興にともない、「貧困」のイメージが社会不安を与えるようになったと述べ、それによって、「教育」と「清潔」の関連が変化したとしてつぎのように指摘する。

> 貧者むけの「教育」と、清潔の習慣がしめる位置も変化した。ある連想法が、それまでなかったほど強調されるようになった。貧者が清潔にしていることは、彼らが道徳的であることの証拠であり、さらに「秩序」が保証されることだとみる連想法がそれである（ヴィガレロ、ジョルジュ／見市雅俊監訳『清潔になる〈私〉―身体管理の文化誌』同文舘出版、1994、p.251、Vigarello, Georges, *Le propre et le sale: L'hyginène du corps depuis le Moyen Âge*, Paris: Seuil, 1985）。

6) エレーナ・トーレスについては、松久2007を参照のこと。また、この時代に農村教育の分野においてあらわれたソーシャル・ワーカーに関連して、ドンズロは、ソーシャル・ワークに従事する女性家庭訪問員、専門相談員、指導員が、新しい職業として19世紀末から登場し、20世紀に入ってその影響力が大きくなってきたと指摘する（ドンズロ、ジャック／宇波彰訳『家族に介入する社会―近代家族と国家の管理装置』新曜社、1991、第4章、Donzelot, Jacques, *La Police des Familles*, Paris: Les Éditions de Minuit, 1977）。

7) この時代のメキシコの教育におけるジェンダー役割にかんしては、松久2012が詳しく論じている。

8) この時代、とくに1926年から1929年にかけておこった「クリステーロスの乱」に代表されるカトリック勢力の抵抗が、農村教育に大きな影響を与えていた。「クリステーロス」とは、とくに1920年代後半から1930年代にかけて、政府の強力な反カトリック政策に反対して、ときには武力反乱を引き起こした勢力のことをいう。メキシコでは、独立以降、時代によって程度の違いはあるものの、カトリック教会の影響力を弱体化しようとする国家とカトリック勢力とが敵対することが多かった。1917年制定の憲法第3条においては、教育の世俗化が明確に規定され、国家は学校教育から宗教を完全に排除しようとした。そのため、カトリック教会は、連邦政府の学校とその教師に反発を強めた。革命期の教会と教育の関係については、Schell 2003、国本 2009を参照のこと。また、当時の公教育省次官サエンスをはじめ多くのプロテスタント信者が教育行政にかかわっていたこと、サエンスが制度化した「文化伝道団」が、とくにカトリック勢力の強かったメキシコ中央部に派遣されたことなどから、これまで検討されることがほとんどなかったメキシコの教育分野におけるプロテスタンティズムの役割を検討すべきであるという指摘もある（大久保 2005）。詳しくは第3部において論じるが、農村教師は、宗教問題のほかに、農地改革をはじめとする政治的、経済的問題、地元権力者との関係など教育以外の多くの問題にかかわって村人との関係を築かなければならなかった。

9) たとえば、Sánchez Jiménez, José, “Mi participación en la gesta educativa”, en MCN, Vol.2、Guzmán Nava, Ricardo, “Holocausto magisterial”, en MCN, Vol.4 などを参照のこと。

10) 日本においても、学校制度が導入された明治から昭和にかけて、学校が国家の意図どおりに住民に受け入れられていたわけではなかったことが指摘されている。たとえば吉見は、当時、小学校でおこなわれた運動会を例に、つぎのような興味深い指摘をしている。

> (……) 運動会はこの時代、決して単に国家が子どもたちの身体を規律・訓練し、主体化し、またそうした主体化された身体を競技のなかに表象していくイデオロギー装置としてのみ存在したわけではなかった。運動会は、同時に祭りとして存在していた。しかもそれは、単に児童を訓育しようとする学校と国家によって擬制される「祭り」であっただけでなく、そうした擬制の構造から絶えず逃れていく子どもたちの身体と、彼らの生活を包み込んでいた村人たちにとっての祭りでもあったのだ（吉見 1993:63）。

メキシコの学校においても、スポーツ大会や国民祭など教師が関与する多くの行事が実施されていた。国家にとってそうした行事は、住民の心身の規律・訓練化、愛国心の涵養などがその目的であるが、住民はそうした国家の意図とは無関係に、それぞれの立場でそうした行事を利用したり、楽しんだりしていたであろう。メキシコにおけるスポーツ大会を含む国民祭と共同体との関係については、Vaughan 1994を参照のこと。

第3部

# 学校をめぐる国家と住民の関係史

TERCERA PARTE

## *Historia de la relación Estado-ciudadano en torno a la escuela*

文化伝道団歓迎の横断幕を掲げるヌエボ・レオン州ラグランヘ農村学校
（Escuela Rural de Lagrange, Nuevo León）の保護者と生徒
出典）SEP 1927a: 164

# 第7章　農村教師となるまで

## はじめに

これまで、教育にかかわった国家指導層がメキシコ社会をどのようにとらえていたのか、彼らの先住民の認識のありかたに焦点をあてて検討し、それを背景として策定された教育政策やその実践について論じてきた。そして、国家主導の教育普及にたいして住民がいかなる対応をとったのかは、地域や時代によって多様であり、かならずしも国家指導層の意図したとおりに教育が普及したわけではなかったと指摘した。そこで、住民が具体的にどのような対応をしたのかを検討する前提として、農村地域において実際に教育政策を実施する立場にあった教師に焦点をあて、国家と住民とのあいだにあってどのような立場におかれていたのかを検討したい。

1920年代以降、メキシコ全国へと学校教育を普及させようとする連邦政府にとって、重要な課題のひとつとなっていたのが農村地域で働く教員の確保であった。しかしながら、これまで述べてきたように、教員養成機関も限られていたこの時代にあって、農村教育の急速な拡大にともない教員の数が圧倒的に不足していたのである。国立教員学校（Escuela Nacional de Maestros）など、より上級の教育機関において教職課程を修了して教職に就くものの多くは、都市部での就職を望んでいた。また、地方の師範学校に通ったものでさえも、厳しい条件のもとにある農村学校へはいきたがらなかった。したがって、「巡回教師」や「文化伝道団」によって即席の訓練を受けたものなど、教員資格をもたないどころか、学歴も訓練も十分とはいえない教師が全国で数多く誕生したであろう。本章においては、どのような人たちが教師の職に就いていたのか、また、教師となったものが教職という仕事についてどのように考えていたのか、教師となってどのような問題に直面していたのか、それらの点について教師の回想録などの分析をつうじて探ってみたい。

## 1. 農村教師の訓練不足と不安

この時代に農村教師として採用されたもののなかには、とくに教職を志望していたわけではなく、ほかに仕事がなかったというような消極的な理由から教師となったものもあった。たとえば、コアウイラ州出身の教師ヒルベルト・アルマゲール（Gilberto Almaguer）は、当時の雇用状況にふれながら、農村教師となった経緯をつぎのように述べる。

> わたしは、この町で初期の教育を受けた。速記タイプの勉強をし、1927年9月14日に資格を取得した。当時、わたしたちの町には、産業や労働場所が不足していたため、わたしの能力にみあった職をみつけることは非常に困難であった。それゆえに、（……）と名づけられた場所に、教師として働きに行くという親族の提案を受け入れる必要があった（MCN 1:89）。

就職機会の少ない農村地域においては、ある程度の学歴や専門的知識を身につけながらも職がないものたちにとって、望むかどうかはべつとして、公務員である教員という職業は限られた選択肢のなかで適当な仕事であったに違いない。また、農村教師になるものは比較的貧しい家の出身であることも多く、収入を得る必要に迫られるなかで、教員となる以外の道はなかったという場合もあっただろう[1)]。そうした経緯で教職についた教員のなかには、小学校に数年通いスペイン語の読み書きはできるものの教職にかかわる専門的な訓練を受けたことのないものや、あるいは州の師範学校など上級の学校で数年勉強したのち教員の資格を得るまえに中退したものなどが農村教師として採用されることが多く、若いものでは10代なかばで教員に任命されている[2)]。

第2部において詳述したとおり、当時のカリキュラムによると、スペイン語の読み書き算、歴史や地理といった教室内でおこなわれる基礎的な教育に加えて、農作業や家畜の飼育、皮なめしや石鹸づくりなどの小規模工業、衛生指導、体育、音楽、裁縫、料理などの授業が計画されており、当時のメキシコの農村教育は、いわゆる学校教育の範囲を越えた社会改良運動としての性格をもっていた。そのため、学校には作業場や農場、家畜の飼育小屋、運動場などが併設され、農村教師には、机上で学んだことにとどまらず農村地域の産業や生活にかかわる広範な知識が求められていた。しかし実際は、多くの農村教師が、読み書き算などのごくわずかな知識と、自分が生徒として学校で学んだ経験だけを頼りに、教育方法を学ぶこともなく、また、教室外での教育、指導にかかわる専門的な訓練も受けないまま、指示された勤務地へと赴任していったのである。

このような農村教師の知識や訓練の不足は、教師自身のなかに、名前さえも聞いたことのない見知らぬ土地においてはじめて教育活動をおこなうことへの不安やとまどいを生み出す。当時の農村教師のポストは、公教育省が予算や既存の学校の状況などを考慮して配分するため、教師がみずから希望する地域の学校へ派遣されるとは限らなかった。しかも、次節で述べるように、農村教師が派遣される村は、比較的大きな町からは離れたところにあり、そこにいたるための交通手段ばかりかその位置さえもわからない場合も多い。それゆえ、勤務地へどのように移動するのか、勤務地における自分の生活そのものはどうなるのかなど、教育活動という本来の任務に取りかかる以前にさまざまな問題が教師に重くのしかかっていたのである。とりわけ、10代の若い教師や女性教師[3)]にとっては、教育にかんする知識や訓練の不足からくる不安に加えて、実家を離れ、場合によってはことばもつうじない見知らぬ村で生活するということにたいする不安や困難は大きかったであろう。そのため、勤務地への移動に家族や親類をともなったり、教師によっては、勤務先の村で親と一緒に暮らしたりする場合もあった。

> はじめにいいたいことは、（16歳という）わたしのような若さで、親元や自分の故郷（トラスカラ州）を離れ、知らない人とともに緑の生い茂ったなかで暮らしながら働くことは大変だったということだ。通信や交通の手段もなく、馬方だけが手紙を運ぶことができた（……）（MCN 3:68、かっこ内は省略を除き教師による）。

回想録にこのように記した教師クラウディオ・エルナンデス＝エルナンデス（Claudio Hernández Hernández）は、出身州の農村学校に職を求めたが空きのポストがなかったため、隣の州に設置される農村学校に勤めることとなった。彼は、小学校を卒業したあとに師範学校などで数年間学び農村教師の資格を得てはいるが、若くして見知らぬ土地で働くことの不安を正直に語っている。

つぎに引用するのは、専門的訓練をまったく受けずに教職についた教師フアン・バルデス＝アグアーリョ（Juan Valdés Aguayo）の回想である。彼は、おじにつきそわれて中心村から40キロ離れた勤務地へ徒歩や馬で向かう途中に感じた「際限のない不安」（MCN 2:107）をこのように述べる。

> （……）ややぬかるんだ区間があったが、それはわたしにとってたいしたことではなかった。わずか数日前にヤシの帽子のつくりかたを少し習っただけのあの若者が、子どもたちをまえにして、なにをしようというのかが心配なだけであった。教師以外であればなんにでもなろうと思っていたため、教育学的訓練も経験も展望もなかったのである。（……）これがわたしの学校であり、わたしを歓迎してくれているが、わたしはといえば、なにを与えるのか。なにもない。疲労、その場しのぎ、落胆（MCN 2:107-108）。

教師以外の職に就こうと思っていたフアンがなぜ教師となったのかは不明であるが、専門的な訓練や経験をもたないこの若い農村教師がどのような気持ちで赴任していったのか、その思いが伝わってくる。このように、資格をもたないばかりか、専門的訓練を受けることなく知識も経験もないままに教員となったものたちの多くは、なにをすればよいのかわからず大いなる不安をかかえたまま、農村地域にある勤務先へとおもむき教育活動を開始したのである。

いうまでもなく、こうした不安をかかえた教師ばかりではなかった。はじめて子どもたちのまえにたって感動を覚え、期待と情熱を強く感じる教師たちもいる[4)]。また、教師となってからも、文化伝道団などが実施する教員研修に参加して、農村教育の専門家による訓練を受ける機会も提供されていた。しかしながら、メキシコ全土へ学校教育が普及していく初期の段階において、そのいわゆる底辺の一部を支えていたのが、知識や訓練、経験に乏しく不安をかかえたままの若い教師たちだったのである。

## 2. 勤務地に到着するまで

あるものは不安をかかえ、あるものは情熱を抱いて農村地域へと向かう教師たちをまちうけていたものは、勤務先の村における非常に過酷な状況であった。勤務地の地理的な問題、交通や通信手段の問題、あるいは村を取り巻く政治的、経済的、宗教的問題など、教師たちはさまざまな困難に直面することとなる。本節においては、農村教師に任命されたものたちが勤務地へと向かい、そして教育活動に取り組むまでに、どのような問題に直面したのかを明らかにしたい。

勤務先が決定した教師たちがはじめに頭を悩ませるのが勤務地までの移動方法であり、そして、村における学校の状態と教師自身の生活の問題であった。当時、農村学校がおかれることになった村は、鉄道や街道の通る比較的大きな町から遠く離れ、そこからは徒歩や馬などの交通手段しかない地域にあることも多かった。また、政府の教育予算のほとんどが教員の給与にあてられ、学校の施設や備品などは住民の負担によって整備されていたため、住民の多くが貧困のなかで暮らす農村地域では、教室や教師の住居など、教師が村で生活し、そして教育活動をするうえで必要最低限のものさえもそろっていない村もあった。

教職を志望するものの多くが、首都や州都など比較的大きな都市にある学校への就職を希望したのは、こうした農村地域の状況がおもな原因のひとつとなっていた。国立教員学校を卒業した女性教師アデーラ・ウイサール＝クリエル（Adela Huizar Curiel）が、農村教師の公募をめぐって仲間と交わした会話には、そうした農村地域の状況を嫌う若い教師の思いが明確にあらわれている。アデーラは、国立教員学校を卒業した直後、州都など都市部の学校にポストがなかったため、キャリア・アップをめざしてこの農村教師の公募を前向きにとらえていた。しかし、仲間たちは、勤務地の村には水道やベッド、学校の備品や教室そのものがないのではないかと口ぐちに述べて応募には消極的であった。それにたいしてアデーラは、不足しているものは自分たちでつくると強気に答えるが、仲間はつぎのように述べたという。

「鉄道の駅から、学校、というか学校にあてがわれた場所に着くためには徒歩で行くんだよ。」
「男性にはいい提案だけど、問題なのは、危険が多いし、徒歩かロバで行くことになるし、朝から晩まで働くことになるし、まったく貯金できないということだよ。」
「若い女性にとっては難しいでしょうね。」（MCN 2:83-84）。

教員養成の学校を卒業して教師の職を求めている若者でさえ応募をためらうほど、農村学校が設置される地域の状況は厳しかったのであろう。農村教師たちの回想録には、州連邦教育局から辞令を受け取ったあと、勤務先の村へ移動するまでの苦労や、教室や机などの学校設備の不備、教師の住居や食料の確保の困難さにかんする記述が多くみられる。たとえば、勤務先への移動にかんして、勤務先がどこにあるのかさえわからずに困惑する教師の回想をみてみよう。

> コリーマ州の古い地図では、（学校がある）その地点をみつけることは困難だった。まさに、その州のもっとも深い山間部にあった。そこには古い獣道が存在するかどうかさえもわからなかった。その地域を知っていて、さらに、地理的に険しい地点に教師を連れていくための馬を都合してくれる人を雇いいれる必要があった（MCN 4:95）。

また、勤務地へと向かう道のりの長さを具体的な数字をあげながら振り返る教師もいる。

> シエラ・マードレ・オクシデンタル（山脈）をとおってエル・サルト村まで旅客列車で4時間、山脈全体を横切ってフアン・マヌエルという木材キャンプ地まで貨物列車で10時間、獣道を2日間、わたしはついに、エル・サポテ村（勤務地）に到着した（MCN 1:223）。

> （……）はじめの230キロを列車で走り、続けて、シュムルク村まで獣道を3日間、ラバの背中で進んだ（MCN 5:32）。

赴任先に向けて出発した農村教師は、勤務地の村からもっとも近い鉄道駅まで列車で移動し、そこからは馬やロバ、あるいは徒歩で数時間、ときには数日間かけて荷物をかかえたまま指定された村へ行かなければならなかった。州連邦教育局は、任命した教師が赴任するさいに手当を支給し、また、赴任先の村の当局者に連絡をとって案内人や馬、場合によっては警護まで手配することもあったようだが、すべての教師が同じような便宜を受けられたわけではなかった。さらに、移動中には、山賊や反政府勢力のほか、気象状況などさまざまな危険がつねにつきまとっており、そうした危険を回避するためにも、道案内や警護などを引き受けてくれる人が必要であった。実際に、山のなかで襲われたり、嵐にあって道に迷ったりしたために命の危険にさらされながらも、村人の助けによってかろうじて難を逃れたことを回想録のなかに記す教師もいる[5)]。

まったく知らない土地へ赴任する農村教師にとって、勤務地の場所の特定から、そこにたどり着くまでの移動方法にいたるまで、指定された勤務地への移動にかかわるあらゆる問題にかんして、その地域に詳しい住民の協力が不可欠となっていたのである。そして、移動のさいのこうした問題は、赴任後も教師の生活に直接関連するさまざまな場面においてつねにつきまとってくる。たとえば、連邦政府の職員である農村教師が給料を受け取る場合、勤務地の村を管轄する連邦政府の財務担当事務局がある町まで直接出向くことになっていた。また、農村教師には、自分の希望とは無関係に理由もわからないままべつの学校へ異動するよう命令が出されることも多く、教師はそのたびごとに転居しなければならなかったのである。そのほかにも、村では手当できないような大きなけがや病気の治療が必要なとき、研修への参加や帰省のときなど、村を離れふたたび戻るさいには、移動手段の確保や道案内といった問題にかならず直面することとなる。このように、農村教師は、勤務地への移動というなによりも第一にやらなければならない根本的なことにおいて、完全に村に依存せざるをえなかったのである。

## 3. 勤務先での教師の位置

ようやく村に到着した教師をまちうけていたつぎの問題は、村役をはじめとする村の住民たちが、その地域の出身者ではないよそ者である教師を受け入れるかどうかということであった。教師は、勤務地に到着すると、はじめに村役などの村の責任者に面会し、州連邦教育局から交付された辞令などの関連書類を提示して、承認をもらわなければならなかった。

当時、学校の先生には、教師として着任したことを証明する関係書類

> に署名をもらうため町当局に出頭する義務があった。この要件を満たさなければ、公務員のための手続きをおこなうことはできず、したがって、公務にたいする給料の支払い命令が下されることはなかったのである（MCN 4:59）。

教師は、村において教育活動をおこなうにあたって、はじめに村役に受け入れてもらい必要書類に署名をもらうことが先決であった。たとえ教師が、公教育省つまり国が交付した辞令を提示したとしても、村役が政府の派遣してきた教師を認めるという保証はどこにもなかったのである。もし、村役が署名を拒否すれば、教師は辞令どおりに着任したとは認められず、給料を受け取ることができなかったのである。

村役の承認を得るとともに教師がなすべきことは、教師みずからが暮らす部屋を探し、毎日の食料を確保することであった。他地域との接触にたいして慎重であり、よそ者に警戒心を抱く傾向にある村においては、村外出身者である教師が衣食住の必要性を満たすことはかならずしもたやすいことではなかった。村役をはじめ村の住民が学校教育に理解を示さず教師に非協力的あるいは反抗的であれば、教師は寝泊りする場所や食料さえも手に入れることができなかったのである。たとえば、教師の到着をこころよく思っていない村役がいる地域の学校に勤務することになった教師ファン・ラミーレス＝セバーリョス（Juan Ramírez Seballos）は、村に到着した日の晩についてつぎのように回想している。

> （……）夜になったので、わたしはどこで夕食をとり、どこで眠るのかを村役にたずねた。すると村役は、村ではミルクがとれず、この場所から数キロはなれたところ（……）からもってこなければならないと答えた。また、わたしが眠り、あるいは住む場所もなかった。そのため村役は、学校に即席のベッドをつくるための板を数枚とござを貸してくれるといった（MCN 3:19）。

フアンは、コーヒーと簡単な食事を提供してもらい、その晩は、天井の裂け目から月や星の見える教室で眠ったのである。このように、部屋が提供されない場合、教師は、粗末なつくりの教室に即席のベッドをつくり、夜の寒さや虫などに悩まされながら、そこを仮の住まいとせざるをえなかった。

教師にとってさらに深刻な問題となっていたのは、みずからの住居の確保に加えて、食料をはじめとする日々の生活必需品をどのように村で手に入れるのかということであった。さきに述べたような移動のさいの負担を考えるならば、生活に必要なものはすべて村のなかで調達するしかない。しかし、食料など生活に必要なものを住民が提供するかどうか、それは住民が学校や教師をどのようにとらえているのかによっていた。たとえば、住民が食料の提供を拒否したため、食事に困った教師はつぎのように当時を振り返っている。

> わたしの食事にかんする問題は、解決するのが非常に困難であった。ビスケットかチーズとフランスパン、そして（……）一すくいの新鮮な水だけの食事で何週間もが過ぎた（MCN 5:58）。

この教師は、食事に困った原因として、前任者が貧しい住民に過度な負担となるほど食事の世話になっていたため、教師に食事を提供することに住民が抵抗したことをあげている。結局、彼の場合は、ある年老いた女性の好意によって、わずかな金を払い一日3度の食事をとることができるようになった。また、べつの村では、各家がもちまわりで教師に食事を提供することとなり、費用を負担することなく食事をとることができた教師の例もあった（MCN 1:224）。しかし、住民が教師にたいして食事の提供や食料の販売を拒否することとなれば、教師は食事さえもできない状況におかれることになるのである。

移動手段や住居、食事の確保とともに、あるいはそれ以上に当時の農村教師を悩ませていたのが、教師にたいするいやがらせや暴力であった。若い教師や女性教師たちが親や親類につきそってもらって勤務地へと向かう理由のひとつが、教師の身の安全の確保だったのであろう。勤務先の村へ向かう人気のない山道においても、さまざま危険に遭遇する可能性があった。さきに引用したクラウディオの回想をみてみよう。彼は、1944年、教師となってはじめての勤務地へふたりの村人につきそわれて馬で向かう。その10時間もの道のりのなかで、つきそいの村人からつぎのような脅しともとれる話を聞かされたと語っている。

> いいですかい、若い先生さん。あんたに本当のことをいおう。われわれはクリステーロス[6]の集団に属しているんだ。このあたりに、農場から男女の教師が連れてこられた。指を切られたものもあれば、耳をそがれたものもある。あの丘では、一人の女性教師が50人のクリステーロスに乱暴されたよ（MCN 3:64）。

クラウディオは、平静を装いつつも、これから自分に起こるかもしれないさまざまなことを想像して恐怖で押し黙っていたというが、結局、なにごともなく村へ到着する。ほかの教師たちの回想録をみると、実際に殴られたり、ピストルでねらわれたり、石を投げられたり、命の危険にさらされるほどの暴力を受けた例が数多く記されている。そのため、みずからの身を守るため、ピストルを所持していた教師さえもいたのである[7]。

さらに、赴任後、教育活動をはじめてからも、学校教育の普及や教師の派遣に反対する人びとによって、教師はさまざまなかたちの圧力やいやがらせを受けることがあった。とくに、農場主や鉱山主など地域の実力者やカトリック教会の関係者などが、直接的、間接的に教師に圧力をかけることが多かった[8]。たとえば、ドゥランゴ州の農村学校に赴任したホセ・クラーロ＝シメンタル（José Claro Simental）は、村に到着して8日後に地元の鉱山主からつぎのような脅しを受けたと語る。

> わたしの名前は（……）で、向こうの山のなかにある鉱山の所有者で

> す。前任の校長はわたしが追い出しました。なぜならエヒードを組織しようとしたからです。わたしは、小さな土地をもっていて、それを取られたくはないのです。人びとはわたしにしたがっています。エヒードにはかかわらないでください。わたしが学校を整備します。学校が組織するお祭りすべてに楽団をつけます。しかし、メキシコ革命の人びとについてはけっして話さないでください。ましてや、怠惰な鉱夫たちを守るためだけに役立つ組合についてはなおさらです。あなたにはふたつの道があります。残るか、去るか（MCN 1:231）。

また、大農場にある学校に赴任したべつの教師は、農場主から暴力でもって学校を追われそうになったときの記憶をつぎのように述べている。

> （わたしが働いていた）農場の所有者にとって、わたしがペオン（農業労働者）たちを指導することは都合のよいことではなかったため、わたしの存在が不快であるということをわたしに感じさせはじめた。最初はやんわりとしたやりかたであったが、のちに、直接的な行動へと移った。わたしを襲わせようと3名の人間に金を払ったのだ。しかし、ある親がタイミングよく警告してくれたため、夜のうちにひっそりと脱出し、当局へ訴えた。犯人は捕らえられ罰せられたが、それ以来わたしは白い目で見られ、わたしの教育活動を誹謗する報告書が教育当局へ送られてそれが公教育省まで届いたのである（MCN 4:82）。

これらの引用からは、地域に強い影響力をもつ農場や鉱山の所有者などの地域の権力者が、連邦政府から派遣されてくる教師に強い警戒心をもち、教師を服従させるか、さもなくば追放しようとさまざまな策略をめぐらせていたことがわかる。地域の権力者にとって、教師は、それまでの地域におけるみずからの影響力や利益を脅かすものとしてとらえられていたのである。

教師からすると、農場や鉱山の所有者あるいは村役をはじめとする村の実力者やカトリック司祭、そしてなによりも住民とどのような関係を築くか、それが非常に重要な意味をもってくる。万一、村の拒否や抵抗にあい、あるいはまた、学校教育にたいして理解を得られない場合、教師の生活や生命そのものが脅かされると同時に、学校へ子どもたちを集めることができず、公教育省からは教師としての資質を問われることになる。そこで教師は、住民の信頼を得て学校に生徒を集めるためさまざまな工夫を凝らすのである。たとえば、学校においては、おとなをも巻き込み、音楽やダンス、演劇などを含む祭りを催すなどして住民の関心を引いたり、簡単な医療知識のあるものはそれによって病気やけがを治療したりすることもあった。また、次章で述べるように、村の実力者や聖職者たちとなんらかのかたちで良好な関係を取り結ぼうとしたり、あるいは村の生活には極力立ち入らないようにすることで村人との軋轢を避けようとしたりするなど、勤務地にあって無力な教師たちは、教育活動をおこなう以前に、自分の居場所を確保するためにさまざまな努力を強いられたのである。

## おわりに

農村教師は、連邦政府から派遣される公務員であっても、勤務地においては政府の援助を期待することはできず、生活から教育活動にいたるあらゆることにおいて地域住民の協力を求めなければならない。そうした圧倒的に住民が有利な状況のもとでほとんど力をもっていないといえる教師は[9)]、村役はじめ住民に信頼され受け入れられるため、村の状況や村内の力関係、住民の要求などに気を配りバランスを保ちつつ教育活動をおこなう必要があった。

いうまでもなく、教師は、教育理念や教育内容にかんして政府にしたがうことが原則である。しかも公教育省は、村の調査記録や教育活動にかんする報告書などの書類を定期的に提出するよう教師に義務づけ、さらに視学官による視察をおこなうなど、実質的には孤立無援に近い状況におかれていても、教師が政府による管理から逃れることはない。しかしながら、政府の求めるものが住民の求めるものとは一致しない場合、教師はときに政府の方針や意向を無視したり、あるいは住民にあわせるようなかたちでそれらをずらしたり、さまざまな工夫を凝らしたのである。すなわち、実際の現場に立つ教師にとって重要なことは、村のなかにあっても、また国家と住民のあいだにあっても巧みにバランスをとることだったのである。次章では、教師が勤務先に村において、こうしたバランスをとるためにどのような「戦略」をめぐらせたのかを具体的にみてみたい。

## 注

1) 農村教師の給与は、資格の有無などによって格差があったが、1935年に師範学校を中退し農村教師となったコリーマ州出身の教師リカルド・グスマン＝ナバ（Ricardo Guzmán Nava）は、当時の農村教師の収入であれば、質素な暮らしではあるが家を借りて家族を養うには十分であると述べている（MCN 4:95）。公務員である農村教師は安定した収入を得られるように思えるが、実際は、給与の支払いが遅れるということも多く、勤務先で借金をするなどかならずしも安定した生活を送っていたわけではなかった。
2) 本書が史料としている回想録のなかで、教師に採用されたときの年齢がわかる教師のうちもっとも若いものは14歳であった。この女性教師は、勤務先の村で一緒に暮らす母親が、村の女性にたしいて裁縫や料理などを教えていた（MCN 1:127）。このように、教師の親や妻など、家族が教師とともに住民の指導にあたる例もあった。また、第5章注9)に記したように、文化伝道団の研修に参加したもののなかに13歳の教師が含まれていた。
3) この時代には、女性が多く教師として採用された。その理由としては、1910年にはじまる革命の内乱状況のなかで男性が兵士となったこと、育児、裁縫、料理など女子教育向けの授業がなされていたこと、女子教育には女性教師が求められていたことなどが考えられる。教師という職業は、当時の女性にとって数少ない社会進出の機会のひとつであったが、女性教師が料理、裁縫、育児などの授業を担当していることからして、性役割分業を固定化する結果ともなっている。当時の女性教師については、López 2001を参照のこと。また、当時の性役割分業などのメキシコのジェンダーをめぐる問題については、松久 2012を参照のこと。
4) たとえば、1935年、ナヤリー州にある農村学校にはじめて赴任したある教師は、そのときの記憶をつぎのように記した。

> 1935年10月、わたしはナヤリー州教育局より、月収60ペソの連邦農村教師の辞令を受けた。大いなる熱望と、同時に、このことが意味している責任にたいする躊躇があったが、しかし、教師になるというわたしの熱い希望が達成され、子どもたちとともに暮らし、人びとと関係をもち、人生において自分が役に立っていると感じる機会を得て満足し、そしてわたしは自分の仕事に取りかかった（MCN 4:114-115）。

そのほか、MCM 3:58、MCN 4:85-86、MCN 4:96など、情熱をもって教育活動に取り組んだ教師の例が数多くある。

5) たとえば、MCN 1:228、MCN 2:123-124、MCN 4:100-108などでは、移動している教師が危険に遭遇し、村人に助けられたことが語られている。

6) 「クリステーロス」については、第6章注8) を参照のこと。

7) 1934年から1940年まで大統領の座にあったカルデナスが、学校を守るために教師や住民にライフルをわたしていたという指摘もある（Loyo Bravo 2006:306）。

8) メキシコでは、憲法123条の規定にしたがい、農工業や鉱業にかかわるすべての企業において、都市から離れたところに位置する場合、そこに居住する労働者やその家族のために、学校や医療施設など必要な教育および厚生施設を設置することが農場主や鉱山主に義務づけられていた。その規定にもとづく学校を123条学校と呼ぶことがある。農場や鉱山の所有者は、学校にかかる費用の負担を嫌がったり、教師が革命の歴史や労働組合の意義、エヒードと呼ばれる共有地の取得申請などについて教えることに反対したりするなど、学校には否定的立場をとることが多かった。また、教育の世俗化を唱える連邦政府の学校に敵対するカトリック司祭が、農場や鉱山の所有者と手を組むこともあった。

9) 学校に敵対する村へ赴任した場合、身の安全を確保するために、ほかの学校へ異動を願いでる教師も多かったと思われる。

# 第8章　農村教師の戦略

## はじめに

1920年代以降、農村教育を担う「専門職」として誕生した農村教師であったが、実際は、専門的知識や訓練、経験に欠ける即席の教師が多かった。しかも、前章でみたように、村における生活そのものから教育活動にいたる多くの点にかんして村の協力に依存せざるをえない教師は、たとえ師範学校を卒業して農村教育にかんする専門的知識をもっていたとしても、それを計画どおりに実践に移すことができるかどうかは、住民が学校教育にたいしてどのような意識をもっていたかそれに大きく左右される。しかも、学校教育に敵対する地域であれば、教師の身体や生命にまで危険がおよぶ可能性さえもあったのである。そこで、本章においては、農村教師たちが勤務先の村において、どのようなかたちで住民との関係を保とうとしたのか、そのためにどのような「戦略」をとったのか、農村教師の回想録からいくつかの例をあげて検討したい。

## 1. 村の価値と農村教師

はじめに、1930年代、グアナフアト州にある農場につくられた学校[1)]の教師となったマリーア＝グアダルーペ・ピメンタル（María Guadalupe Pimental）の回想録をみてみよう。彼女によると、赴任先の農場の所有者は、ローマで教育を受け宗教に傾倒しているが、自分の農場で働く農民を召使いか奴隷のごとくにあつかっていた。そして、「深いキリスト教の精神と時代にそぐわない専制主義的な行為のあいだにある矛盾をまったく理解することがなかった」（MCN 2:136）とその農場主を非難し、さらに、彼の豊かな生活と農民たちの貧しい生活とを対比させ、そこには大きな格差が存在していたことを指摘している。つまり、勤務地の権力者である農場主の差別的な態度、あるいは、その農場にはびこる貧富の格差にたいして批判的な感情を抱いていた。しかしながら、勤務地へ連れていった長男がはじめて聖体拝領をするさい、立会人である代父（compadre）になるようこの農場主に依頼したのである。

農場主を代父にするということは、マリーアが彼と擬似的親族関係を結ぶことを意味した[2)]。勤務先の村に知人のいないマリーアにとって、農場主に代父を頼まざるをえなかったのかもしれないが、不信感を抱いている農場主とこうした関係をもつことがはたして彼女の本意であったかどうか、回想録にはその経緯が記されておらずうかがい知ることはできない。いずれにしても、農場主と強固な関係を築いたことによって、マリーアや子どもの安全が確保されることとなったのである。

> この主人、マヌエル氏は、わたしの長男がはじめて聖体拝領を受けるときの代父であった。そのことが、学校と後援者のあいだの関係をよくし、わたしたちを保護してくれるまでになった。そのおかげで、わたしたちはクリステーロたちの犠牲にはならなかった（MCN 2:136）。

1930年代は、いったん下火になったカトリック教徒による反政府運動が、教育にかんする憲法第3条の改定などをめぐってふたたび活発化し、多くの教師がねらわれていた時代である。マリーアもこの時代のカトリック信者による反政府運動を恐怖と不安をもたらすものとして描き、自分や子どもがいやがらせや脅迫を受け、あるいは生命の危険さえも感じていたことを記している。こうした状況のなかで、意図的かどうかはわからないものの、マリーアが勤務地である農場でもっとも権力をもつ農場主と良好な関係を保ったことによって、自分や子どもの生活や生命を守ることができたのである。

つぎに、当時の教員養成機関としては上級の学校であった国立教員学校の卒業生アデーラ・ウイサール＝クリエルの「祭り」にたいするかかわりかたをみてみよう。前章でも言及したが、彼女は、都市部の学校に空きのポストがなかったため、キャリア・アップを目的に農村部における学校の職を受け入れ、母親とともに勤務地へとおもむいたのである。農村地域における教育活動にかんして回想する部分において、彼女は、勤務先の村がおこなっていた祭りとあらたに学校が組織した祭りとを並列させて描いている。

それによると、彼女が赴任した村や近隣の村の祭りでは、ロデオなど男たちによる荒っぽい催しものがおこなわれ、女性はそれを喜んで見物している。また、酒を含めたさまざまな飲食物や商品を売る露店が数多く開かれ、村人たちは家族そろって祭りに出かけている。しかし、母親とアデーラは、祭りに行くことはけっしてなかった。村人たちが熱心に彼女たちを誘っても、あるいは祭りに出かけるさいの便宜をはかっても、アデーラは仕事を理由にすべて断り続けた。なぜならば、祭りでは荒っぽい催しものや飲酒などが原因で争いごとが絶えず、ときには死者さえもでていたからである。一方で、学校が主催する祭りにかんしてはつぎのように記している。

> 学校のお祭りはとても楽しく、まさに家族のためのものだった。祭りは、歌やゲーム、演説、簡単な踊りをおこなうことから構成されていた。A（アデーラ）教師と父母会の会議において祭りを組織することが合意されたとき、全員が協力した。どのようなたぐいの商品も、商売人は学校へ入ることが許されなかった（MCN 2:96）。

学校でおこなわれる祭りには、老若男女を問わず村に住む人びと全員が、事故や争いごとに巻き込まれることなく安心して参加することができる。そこでは、公教育省の定める活動計画にそって、歌や踊り、体操、ゲーム、演説などがおこなわれた。商売人の立ち入りを禁止したのは、おそらく酒の販売を防ぐことが第一の目的であったに違いない。古くから村が独自におこなってきた祭りには絶対に参加しなかったアデーラであるが、いわゆる教育を目的とした学校の祭りにかんしてはそれを積極的に組織し、村人全員の参加を呼びかけている。

村の祭りと学校のそれにたいするアデーラのこうした態度の違いは、アデーラが村独自の「文化」をどのようにとらえていたかを端的に示している。彼女が、ロデオのような荒っぽい男の催しものや飲酒、喧嘩などが絶えることのない村の祭りに嫌悪感を抱いていたことは明らかである。村の外部から来た「エリート教師」であるアデーラにとって、村において以前からおこなわれていた「伝統的な」祭りは、たんに「野蛮な」祭りにすぎないのであって、村の歴史や伝統、価値観など、祭りをおこなう村独自の論理がそこにあるということを理解しようとする姿勢はみられない。

しかしながらアデーラは、危険な遊びや飲酒など、当時、国家支配層が秩序を乱す「野蛮な悪習」として排除しようとしてきた習慣が広まるこうした村の祭りに口をはさむことはなかった。むしろ、そうした習慣から巧みに距離をとることによって、村人との軋轢を避けていたように思える。そして、村の祭りとはまったく無関係なかたちで学校の祭りを組織する。国立教員学校を卒業したアデーラは、もともと農村地域に腰をすえて積極的に農村教育を担うというつもりはなく、できるだけ早い時期に都市の学校へ異動する機会をうかがっていた。そこから考えても、あえて村の習慣や価値観と衝突することは避けて、それをそのままにし、学校というべつの空間においてあらたな「文化」の実践を試みることで、村のなかでおかれている自分の位置と教師としての立場との両立をはかったといえるだろう。

つぎに、20世紀前半のメキシコの学校教育において繰り広げられた国家と村との価値をめぐる闘争のなかで、もっとも大きな焦点となっていた宗教にかんして、農村教師がその問題とどのようにかかわっていたのか、いくつかの事例を検討してみたい。

19世紀より続く国家の反カトリック的な政策は、1917年憲法にも受け継がれ、教育にかんしては第3条において、公立私立を問わず学校における宗教教育が禁止されるなど、憲法上は宗教が教育から切り離されることとなる。当時の国家支配層は、住民に深く根づいているカトリックの信仰にもとづく観念や習慣などを、ときとして「狂信主義」として否定し、「科学的」知識にもとづく「近代的」生活習慣の導入や生産性の向上をめざした。また、強大な勢力を誇るカトリック教会の影響を強く受けている住民を、そこから引き離して「メキシコ国民」として国家へ取り込もうとしていた。農村教師は、教育をつうじてそうした目的を達成するという役割を担わされていたのである。しかし、すでに述べたように、そうした強硬な反カトリック政策を推進する政府が設置する学校は住民から「悪魔の学校」と呼ばれ、また、教師は「悪魔」の手先とみなされ、強い抵抗にさらされることとも多かった。

しかしながら、すべての農村教師が宗教を否定していたのか、あるいはそもそも教師自身が信者であることはなかったのだろうか。当時の学校においては宗教が否定され、それが住民との軋轢をもたらした場合も多かったのは事実であろう。しかし、教師たちの宗教にかかわる姿勢は、それほど強硬なものではなかったのではないか。たとえば、女性教師ソレダー・ポンセ＝デ＝レオン（Soledad Ponce de León）は、学校の仕事のない空き時間にはミサに参加していた。また、勤務先の村において、友人である夫婦に子どもができたとき、その子どもの洗礼にたちあうよう依頼され、なんのためらいもなく承諾している。ただし、連邦政府の学校の教師であるソレダーを代母とすることに、司祭のほうが逆に抵抗を示していたことは、司祭が学校の教師をどのようにとらえていたかをあらわしている。さきにふれた農村教師マリーアの場合も、自分の子どもに洗礼を受けさせていることから考えても、教師すべてが、慣習化されている宗教儀式にかかわることまでをも拒絶するほど強く宗教を否定していたわけではないだろう。

さらに、自分も信者でありキリスト教について深い知識があることを住民に示すことによって、住民の信頼を得ることに成功した教師も存在したのである。そうした教師のひとりであるフアン・バルデス＝アグアーリョは、前章でも述べたが、教職にかんする特別な訓練を受けることもなく、大いなる不安をかかえながら、はじめて訪れる土地で農村教師としての第一歩をふみだすこととなった。彼は、おじのつきそいで村にたどり着くこともでき、村役であるエヒード委員長[3)]の協力もとりつけた。しかし、学校にはエヒード委員長の子どもたちなど数名しか集まることはなかった。なぜならば、村の子どもたちの多くは、近くにあるカトリック系の私立学校に通っており、さらに、住民から信頼の厚い司祭が、政府の学校を「悪魔の学校」と呼び、政府の学校へ子どもを就学させないよう住民に説いていたのである。フアンは、生徒が集まらないことで失職するのではないかと恐れ、この司祭を利用する決心をした。かつて神学校に通ったことのある彼は、ミサの手順にかんして多少の知識をもちあわせていたため、ミサの手伝いを申し出ることにしたのである。司祭が執りおこなう儀式のかたわらで、住民の不信の目にさらされながら無難に手伝いをこなしたフアンは、その日以来、司祭の信頼を得ることとなり、フアンの学校には多くの生徒が集まってきた。

さきに述べたように、憲法において教育と宗教の分離が規定され、教育からの宗教の排除が強く求められていた時代にあって、連邦政府の農村教師が、たとえ学校外であったとしても宗教儀式にみずからが積極的に関与することは問題となったであろう。実際に、ほかの地域において、宗教に熱心な女性教師にかんして、ある視学官がその教師を異動させるよう公教育省の上層部に提案する報告書を提出していることなどをみても、教師が宗教にかかわることは教育当局による処分の対象となる危険性があった[4)]。フアンの場合、彼自身が熱心な信者であったかどうかはわからない。あるいは、回想録で彼が述べているように、生徒を学校に集めることができずに職を失うことを恐れて司祭を利用しただけのことだったかもしれない。しかし、いずれにしても、教師が宗教儀式のなかで司祭に協力していたということが各学校を視察している視学官の知るところとなれば、ファンの農村教師としての立場は危ういものとなっていただろう。にもかかわらず、専門的な訓練を受けないままに教師となり、どのように教育活動を遂行すればよいのか悩んでいたファンは、村のなかで信頼されている司祭に認められることで住民に受け入れてもらい、教師としての職を保持しようしたのである。それは、政府の進める反宗教的な政策に反しても、村の秩序あるいは価値体系にみずからをあわせることによって、村での地位を確保せざるをえない無力な農村教師のぎりぎりの選択だったのではないだろうか。

こうした農村教師たちの例をみると、多くの教師たちが、村の権力者や村の価値観を巧みに利用したり、それに自分をあわせたり、あるいは、村の価値にふれないようにしたりすることによって村における自分の位置を確保しつつ、農村教師としての仕事を遂行していたことがわかる。国家の理念や政策に忠実になるよりも、村の秩序や価値体系に忠実になることのほうが、現場に生きる教師にとっては現実的な判断だったのである。

## 2. 学校にたいする住民の対応

勤務先の村に到着し教室や自分の生活手段を確保した教師がつぎにおこなう活動は、村に学齢期の子どもがどのくらいいるのかを調査して、子どもたちを学校に登録することであった。村役はじめ住民が協力的であれば、住民集会を開催してその場で登録となる。しかし、住民が会合に集まらないことも多く、その場合は教師が住民の家を一軒一軒まわって調査し、学齢期の子どもがいる親にたいして教育の必要性を訴えて、子どもを学校へ通学させるよう説得しなければならなかった。

しかしながら、貧しい農村地域の家庭においては、学齢期の子どもも重要な労働力であることから、子どもたちを学校に通わせることを拒否する親は多かった。また、義務教育が無償であっても、学校の施設や備品などは基本的に住民負担であることから、ある程度の出費が必要であることも就学の妨げになっていた。さらに、政府の学校に敵対する教会や地域の有力者による誹謗中傷[5)]や妨害なども多大な影響を与えていたことはすでに述べたとおりである。また、農家の子どもに読み書きは不要だとする親や、反対に、農作業や手作業、スポーツ活動などの広範囲な授業内容に反対し、スペイン語の読み書きや計算を重視すべきであると考える親も存在するなど、子どもの教育にたいする親の要求も多様であった。このようなさまざま理由から、学校教育に非協力的な親は多かった。

以下の引用は、1934年、製糖工場をもつ農場へ派遣された教師たちが、その所有者から受け入れを拒否されながらも、子どもたちを学校へ集めようと各家を訪問したときの様子である。

> (教会のミサにおいて、司祭が教師を地獄から出てきた悪魔と呼び、子どもを学校へ送らないようにと説いた) 翌日、学校では、わたしたちのところにハエさえもよりつかなかった。これをみて、わたしたちは学校名簿を作成するために出発した。そこでもまた、わたしたちはうまくいかなかった。なぜなら、扉を開けない家もあれば、扉を閉める家もあったからだ (MCN 1:24)。

この教師たちが活動をはじめた村では、外で遊ぶ子どもたちが多くいたにもかかわらず、10名程度の子どもたちしか登録しなかったという。このように、学齢期の子どもをもつ親たちは、教師を完全に無視したり、教師の説得にあれこれと難癖をつけたり、場合によっては子どもを隠したりして子どもの就学を拒絶したのである。

それにたいして教師たちは、前節でも述べたように、歌や踊りをともなう祭りを組織することによって住民たちの関心を引いたり、協力的な村役のつきそいのもとで家庭訪問をしたり、義務教育の規定を遵守しない場合には罰金を課すと通告したりしながら、親の理解を得ようと努力した。こうした教師たちの工夫や努力にもかかわらず、住民の協力が得られない村もあれば、一方で、住民が学校教育の必要性を認めて子どもを学校に通わせるようになる村もあった。また、住民側が学校の建設や教師の生活の援助を申し出て教師の派遣を教育当局に要求するなど、学校教育に積極的な村も数多く存在していたのであり、回想録には教育活動が順調に進んだ学校の様子も記されている。

住民の協力が得られることになると、住民を集めた会合のなかで子どもの登録がおこなわれ、教育委員会や父母会のほか学校の設備や農場にかんする委員会など、村の状況にあわせたいくつかの委員会が組織され、各委員会の役員が決定される。また、教室や運動場、農場などに利用される土地の譲渡や貸借にかかわる取り決めが、関係者のあいだでかわされる。住民参加の集会のなかで合意されたそれらの事項にかんしては、詳しい内容を記載した書類が作成され、役員や関係者がそれに署名する。そして、一連の合意書などの公文書は、場合によって教室の設計図や写真などとともに公教育省や州連邦教育局へと送られた。以下は、教師に協力的なエヒード共同体での集会の様子である。

> あるエヒード農民は、親切にもきれいな小屋を貸してくれ、べつの農民は、板を提供して子どもたちが座れるよう小屋のまわりに机といすのようなものを即席につくってくれた。集会では、学校が順調に進むよう協力するための教育委員が指名された。そして、最初の仕事は学校名簿を作成することであった。また、できるだけ早く学校にふさわしい部屋の建設に取りかかるよう建設工事委員も選ばれた。健康や祭りにかんする委員も選ばれた（……）（MCN 2:22）。

学校教育に関係する各委員会が組織され子どもが登録されると、具体的な教育活動に取りかかることになる。しかし、農村学校の多くは、教室をはじめ学校の設備にかんするものが不足しているため、まずは住民が資材や資金あるいは労働力を提供することによって、教室の建設や修理など不足しているものをつくることから活動がはじめられる。さらに、運動場や作業場、農場、トイレや柵などの整備、机やいすの製作、水の運搬など、あらゆる仕事が住民の協力によっておこなわれ、農村学校は住民たちの手によって整備されていくのである。以下に引用するのは、学校教育に熱心な親たちのもとで、順調に教育活動をはじめることのできた教師の回想である。

> 村は約400名と小さく、おもにとうもろこしを栽培する農民であった。決められた手続きをふんで、わたしはまず自己紹介をし、辞令を当局へわたすために挨拶をした。その後、学校となる場所で住民と集会を開いた。それは掘っ立て小屋であった。わたしは、村人の表情に学校へ協力しようとするある種の熱意をみてとった。実際、生徒たちがより快適になるよう部屋をつくるという意図を伝えたとき、すぐさま物質的な援助の申し出があり、のちにそのとおり実行された。毎週日曜日には、木材を切り、石灰を焼き、石を採掘するために集まってきた（MCN 5:36）。

農村教師の活動は、学校の建設や整備、そして、子どもたちにたいするスペイン語の読み書きをはじめとする基礎的な教育だけではなく、住民をも巻き込んだ非常に広い範囲におよんでいる。教師の得意な分野や人数にもよるが、第6章で詳しくみたように、作業場や農場でのさまざまな作業のほかに、スポーツ・クラブの組織や疫病にたいするワクチンの接種、衛生指導、反アルコール・キャンペーン、野外劇場の建設、演劇・民族舞踊・音楽の練習などもおこなわれた。夜間教室や休日の勉強会、さらには道路の整備や村全体の美化や環境整備にかかわる作業など、おとなをも含めて学校外にもその活動は広がっていた。また、女性教師であれば、女子生徒や母親に料理や裁縫、育児の方法なども教えていた。そして、こうした活動のなかで子どもたちによってつくられた作品を集めた展示会や、演劇、ダンス、音楽演奏などが披露される学校祭も開催された[6)]。さらに、祭りや展示会においてはバザーがおこなわれ、その収入は、学校農場で収穫された農産物を市場で売って得た収益とともに、学校の整備にあてられたのである。

## 3. 助言者または仲介者としての農村教師

こうした村全体を巻き込んだ教育および文化活動を指導するのが教師の仕事であることはいうまでもないが、農村教師に求められていた役割はそれだけにとどまるものではなかった。住民は、村の問題を解決するための助言者として、あるいは政府と村とを結ぶ仲介役としての役割を教師に期待していたのである。とりわけ、エヒードと呼ばれる共有地を申請するさいの書類の作成や当局者との交渉にあたって、教師の助言や仲介が求められていた。さきに引用した教師ホセの回想録には、エヒードや組合にはかかわるなという鉱山主からの圧力があったと記されているが、そこからは、教師が農村住民の共有地獲得や農民の組織化に一定の役割をはたしていたことがうかがえる。

以下に引用するのは、住民からエヒードを申請するために協力するよう求められた農村教師の回想である。

> （サペ・チコ校に）到着して3日後、わたしは農民の集会を開いた。そこでミゲル・マルンゴという年輩の男性がいった。
> 「先生が来てくれてよかった。われわれは、エヒードを組織するために活動的な教師を派遣するよう教育局に申請したのですよ。」
> わたしは何も知らなかったし、その地域さえも知らなかった。ただちに、ペドロ・ラモス氏をエヒード委員会の委員長とする執行部が任命された。リストには、サンタ・アナ農場の土地を申請するものが42名を数えた。農場主は女性であった。わたしは、ドゥランゴ州の農地課への写しとともに、首都の農地課に申請をした（MCN 1:227）。

この回想からは、住民が教育当局にたいし教師を派遣するよう要求していた理由のひとつが、エヒードの申請にかかわって教師の援助を期待していたためであったことがわかる。この教師は、そのことについては知らされておらず、また、地域の事情にも詳しくはなかったが、住民からの協力要請にたいして申請書の提出を手助けしている。

また、教育の分野にとどまらないこうした教師の役割は、土地の獲得だけではなく、さまざまな領域におよんでいたと思われる。たとえば、林業を中心としたある村では、不法に森林開発をする企業を訴えるため、教師が村人から援助を要請された例がある。

> その企業のトラックには交通プレートがなく、木材の配送伝票もなかった。開発は非合法であった。エル・カリサル村は、村の代表を指名し、わたしがその運動の助言者となった。その企業にたいする不服の申し立てが起こされ、その地区の議員や州知事に問題が提起された（MCN 5:203）。

結局、州知事はこの不服申し立てを取り上げることがなかったため、この村の住民は連邦政府の省庁の担当部局と大統領に直接書簡を送って問題を訴え、最終的には水資源省によってこの企業の開発は差し止められることとなった。この回想録からは、教師が村人にたいして具体的にどのような援助をおこなったのかはわからない。しかしながら、ここでも教師が、村における問題解決のため、村の代表とともに州や連邦政府当局と交渉するさいの相談役として期待されていたのである。また、教師が、勤務地の地域内で生じた問題にかんして、住民から協力を依頼される場合もあった。たとえば、1920年代後半、農村教師となったある男性教師は、村人から町役場の移転についてつぎのような相談を受けている。

> われわれは、以前から町役場はここロサリオにあるべきで、今のインデではないはずだと考えてきました。われわれは、この手続きが成功するためにとるべき最善の方法について、あなたに指導してほしいのです（MCN 1:99）。

町役場をどこにおくかという問題は、地域のなかでどの村が支配権を握るかというすぐれて地域政治にかかわる問題であり、その地域の出身者ではない農村教師が介入すべき問題ではないことは明らかである。しかし、この教師の場合、そうした依頼を断ることなく、村人の署名入りの請願書を作成し、この地域を管轄するドゥランゴ州の国民革命党（Partido Nacional Revolucionario）[7]の委員会へ行くよう指導する。この教師はまた、べつの村において、土地を獲得しようとして組合をつくった住民の相談を受けて、自分自身はさほど詳しくはない土地問題を解決しようと、住民とともに知り合いである労働組合の指導者のもとを訪ねたこともあった。その結果、労働者の組織化を嫌う農場主に農場から出ていくように迫られることになったが、教師の助言を受けた住民の援助で仕事を続けることができたと述べている（MCN 1:91-92）。

このように、教師が助言をしたり仲介したりする問題は、地域の事情に応じてさまざまであった。ある農村教師は、こうした教師の役割を「村の指導者」としてつぎのように回想録に記した。

> 村の教師は、かけがえのない人物であった。というのも、教室における毎日の仕事のほかに、農民にたいして、エヒードの土地や農業のための道具や種の要求書、道路の申請書を書く手助けをした（……）。教師は村の指導者であり、その時代、よりよいメキシコにいたるための道を切り開いたと確信することができる（MCN 5:55）。

こうした教師の自負は、とりわけ上級の教員養成機関で学んだ教師に多くみられる。そしてそれは、「文化的に遅れた」農村住民の救済といった当時の支配層がもっていた家父長主義的な姿勢につながっている。こうした立場からは、教師の受け入れや学校の建設、子どもの通学など教育の普及にかかわることにまったく協力しない、あるいはそれに抵抗する地域の住民にたいして、その「意識の低さ」が問題とされる。実際に、メキシコの国家支配層や教師の多くは、教育の普及に非協力的な住民を、教育の意義を理解しない「無知」で「迷信」にとらわれた存在としてとらえることが多かった。

たとえば、1930年代、教職に就いたある農村教師は、当時、教育にかんする憲法条項の改定に代表される教育改革の流れのなかで住民に広まっていた間違った噂[8)]を信じる「無垢な」人びとを「無知の犠牲者」として、つぎのように述べる。

> その当時、農場だけではなく都市においてさえも、多くの、とてつもなく多くの無知があった。それが、わたしたちの仕事にたいするあらゆる嘘や狂信的で悪意のこもった考えをはびこらせた。(……) こうした社会病理は、圧倒的な非識字と文化的遅れにたいするわたしたちの闘争活動を不安で満たしたのである（MCN 3:132）。

学校教育の普及活動を「非識字と文化的遅れにたいする闘争」ととらえるこの教師の認識は、当時の国家支配層や多くの教師たちによって広く共有されていた。そして、この「闘争」の遂行を妨げる大きな要因である住民たちの「無知」や、それを利用して国家による教育の普及を妨害するカトリック司祭や地域権力者の支配から彼らを「救済」し、メキシコ社会の「発展」を支える「メキシコ国民」とすることが自分たちの役割であると多くの教師たちが考えていたといえるだろう。

しかしながら、農村地域に派遣された教師たちは、「無知」で「文化的水準の低い」住民を「救済」することのできる立場にあったのであろうか。前章で述べたとおり、農村地域における「無知」なる住民の「救済者」を任ずる教師であっても、その「無知」なる住民の支援なしでは、教育活動をおこなうどころか自分自身の生活、さらには生命さえも危険にさらされていたのである。それゆえ、いかなる教師も、実際の教育の場において圧倒的に優位な立場にある住民をまえに、あくまでも地域住民の要求と結びついたかたちでなければその活動を実現することはできなかった。すなわち、教師たちは、公教育省が定める教育の理念や計画にしたがって「闘争活動」を遂行するよりもむしろ、地元住民のさまざまな要求に応じて臨機応変に対応せざるをえなかったのである。その点について、社会人類学的な手法で当時の農村教育を研究するロックウェルはつぎのように指摘する。

> 教師たちは、国家の教育政策を、地域の知に訴えることばで再解釈した。実際、学校の受容は、あらたな文化実践へとつながると同時に、地域の価値や利益にそった社会空間へと学校をかえるために教師がもっている能力によって大きく左右される（Rockwell 1994:199）。

学校が住民に受け入れられるかどうかは、学校を「あらたな文化実践」の場とし、「地域の利益にそった社会空間」にかえるだけの能力を教師がもちあわせているかどうかにかかっており、そのためには、教師が国家の教育政策を地域住民に理解されるよう解釈し直さなければならないのである。

20世紀前半のメキシコの農村学校は、国家が統治のための権力をはりめぐらせるための「イデオロギー装置」あるいは「規律・訓練の装置」という一面をもちながら、同時に、住民がみずからの価値や利益や権力を追求する「あらたな文化実践」の場でもあった。そして、教師の派遣と学校の建設によってあらたに編成されてくるその社会空間は、「権力、文化、知、諸権利をめぐって、激しい、そしてしばしば暴力的な交渉の土俵となった」（Vaughan 1997:7）のである。この「土俵」のなかにあって、国家と住民との「交渉」の仲介役となったのが農村教師であった。

## おわりに

第1節で述べたように、専門的知識も訓練も乏しい農村教師が多かったなかで、教育および文化活動をはるかに越えた村全体の課題すべてに農村教師が対応したわけではないだろう。教師の意識や能力、そして村の状況などによって、農村学校の実態はさまざまであり、それは農村教師の回想録からもみてとれる。しかしながら、そこに共通してみられるのは、ときには命の危険にさらされながらも、農村地域の住民の「生活向上」をめざして活動を続けてきた農村教師の姿であった。ただし、繰り返しになるが、教師はつねに国家の理念や計画にそったかたちで活動したわけではなかった。住民の要求に耳を傾け、ときには国家の教育理念や計画を地域の事情にあわせてかえながら、微妙なバランスのなかで住民との関係および国家との関係を保っていたのである。

**注**

1) 前章注8) で述べたように、1917年に制定された憲法の第123条の規定によって、都市から離れた農場や鉱山の所有者には、労働者のために学校や医療施設を設置することが義務づけられていた。
2) 子どもの洗礼に血のつながりのない成人が代親として立ち会う習慣をコンパドラスゴ（compadrazgo）と呼ぶ。カトリック教徒によるこの慣行には、とくにラテンアメリカにおいては、子どもの洗礼を契機として、親たちが有力者と儀礼的な親族関係を結ぶことによって、精神的なつながりだけではなく、代親となった有力者から社会的、経済的な協力関係をとりつけるという側面がある。
3) エヒードについては、第5章注11) を参照のこと。教育活動とは直接的には無関係であるエヒードの組織化に、農村教師が深く関与することも多かった。農村教師は、エヒードの組織化をつうじて、農民組織を国家へと組み込んでいく役割もはたしていたのである。
4) AHSEP, DGEPET caja 152:exp. なし。この視学官が教師の異動を提案したのは、宗教にかかわることだけが問題とされたのではなく、教育活動において十分な働きをしていないことも原因であった。しかし、視学官は、この教師を「狂信的なカトリック信者」と呼び、宗教的なつながりから住民に好かれていると指摘して、教師が宗教に熱心であることを問題視している。
5) たとえば、学校に入学した子どもたちが軍隊に入れられロシアに送られる、1930年代に導入された性教育のもとで、子どもたちにふしだらな教育がなされるなどの噂が流された。
6) 村全体を巻き込んだ祭りやスポーツ大会、展覧会などの活動は、近隣の村むらとのあいだでおこなわれるスポーツの対抗試合や文化活動のコンクールなどをつうじてさらに拡大した。第6章で述べたように、こうした活動は、子どもたちの学習成果の発表という目的だけではなく、村全体を対象とした規律・訓練のための装置ともなっていた。また、学校にたいする住民の関心を引きつけるとともに、村の一体感を生み出す効果も期待されていた。さらに、独立記念日などの国家の祝日にあわせて学校が祭りを開催することによって、国家とのつながりを意識させることにもつながった。一方、住民は、国家が意図した「教育的」効果とは無関係に、このような場を自分たちが共有するあらたな社会空間として利用した。この点については、Vaughan 1994を参照のこと。

7) 国民革命党は、2000年まで長期にわたり与党の座にあった制度的革命党（Partido Revolucionario Institucional）の前身で、1910年に勃発した革命のなかで台頭してきた諸勢力が結集して1929年に結成された。その後、1938年、カルデナス政権下においてメキシコ革命党（Partido Revolucionario Mexicano）に改組されたのち、1946年、現在の制度的革命党となり長期政権を確立した。2012年の大統領選挙において制度的革命党の候補者が勝利し、同党は政権の座に返り咲くこととなった。

8) 注5)参照のこと。

# 第9章　村の学校

## はじめに

連邦政府が設置する学校を統括する組織として、各州には州連邦教育局がおかれ、さらに州をいくつかの学区に分割して監督局が設置された。各学区には視学官が配置され、視学官が担当地域を訪問し、学区内の学校および教員の監督と指導、住民との調整などをおこなっている。また、あらたな学校の設置を検討するさいには、学校の設置が予定されている地域や場所にかんして、視学官がさまざまな調査を実施し州連邦教育局へ報告する。そして、その報告にもとづいて、州連邦教育局長が公教育省の農村教育あるいは初等教育担当部局に学校の設置を提案することになる。設置される学校の数や場所は、その年の予算や学齢期の子どもの数、既設の学校の状況などを考慮して、最終的に公教育省の担当部局が決定する。

学校設置にかんする最終的な決定権は公教育省にあるとはいえ、学校の設置場所を選定するさいに大きな影響をもつのが、住民による学校設置の要求であった。これまで述べてきたように、農村地域における学校教育をめぐっては、それを拒否する村だけではなく、積極的にそれを受け入れようとする村もあった。ただし、学校教育を受容することは、住民が公教育省すなわち国家からの指示に服従することを意味しているわけではない。住民は、地域の必要性に応じて学校や教師を求めているのであり、国家の定める教育方針や活動内容、あるいは派遣されてくる教師をそのまま受け入れるとは限らなかった。「うえからの教育」が、自分たちの意にそわなければ、校舎をはじめとする学校施設の建設や整備、教師の教育活動や生活にかんして協力しないということもできるからである。ここに、「学校」をめぐって、国家と住民とのあいだのさまざまなかけひきが生まれることとなる。

こうした「学校」をめぐるかけひきのなかで、住民は、子どもの教育にかかわることだけではなく、居住地域内外におけるさまざまな問題にかかわってみずからの権利や利益を追求しようと試みる。学校や教師を受け入れたり、あるいは逆に拒否したりすることは、そのためのひとつの「戦略」となる。一方、国家は、学校や教師をつうじて、国家の存在を知らしめ、「メキシコ国民」の育成および均質的な文化の創出による国民統合をめざす。住民と国家それぞれの利害は、ときには一致することもあれば、対立することもあるだろう。「学校」は、そうした両者が互いの利害をぶつけあい、ときには協力や妥協をし、ときには対立する場となるのである。

20世紀前半以降のメキシコにおける学校拡大は、まさにこうしたかけひきが繰り広げられるあらたな社会空間の創出の過程でもあった。本章では、学校教育をめぐって住民と国家とのあいだでどのような相互関係が成り立っていたのかを明らかにする。そのさい、おもに、メキシコ公教育省歴史文書館に残されている請願書など住民の手による文書を中心に検討し、学校拡大の過程において積極的に関与した住民側の視点に焦点をあてる。

## 1. 学校施設の建設

以下の引用は、時代がやや下るが1964年、閉鎖された学校の再開を求めて、オアハカ州の住民から公教育省に提出された合意書である。

> 当市ならびに教育関連委員が繰り返しおこなった交渉によって、前述の（閉鎖された）施設の開設を視学官が約束し、市および教育関連委員は以下の合意にもとづき、教育の事業にたいしてあらゆる協力をす

ることを約束する。1.サンタ・マリーア・アルバラーダスの市および教育関連委員とすべての住民は、この地における校舎の改善のために必要なあらゆる精神的、経済的援助を与える。2.この地で働く教師にたいし、その任務を遂行するために必要なあらゆる保障と援助を与える。3.聖職者や学校関係以外の何人も、上層の教育当局の権限になる事項に介入することを認めない。4.当市、教育関連委員は、本年の残りの期間、市の教師にたいする支払いの継続を約束する（AHSEP, DGEPET caja 9:exp.20）。

この合意書からは、閉鎖された学校の再開を求めて住民が教育当局と交渉を繰り返した結果、学校教育に全面的に協力することを約束して学校再開の合意にいたったことがわかる。この合意事項の1.にかかわって、校舎をはじめとする学校関連の施設や備品をめぐる住民と公教育省との関係について、再度確認しておきたい。

1920年代以降、全国規模で学校教育が普及していくなかで、「学校」とされるものがすべて、校舎や校庭などの施設、机やいすなどの備品をもっていたわけではなかった。教師が派遣されてきたとしても、学校施設がないため、すでに使用されなくなったかつての教会や修道院の建物、民家の空き部屋、部屋がみつからない場合には野外の木陰において授業がおこなわれることもあった。また、学校を設置する場合、そのための土地の獲得、校舎や教師の住宅の建設、備品の製作、運動場、農場、作業場、家畜小屋などの整備といった学校に必要とされる施設全般にかかわる費用の多くは、住民から土地、資材、労働力、割当金、寄付金などの提供を受けてまかなわれた。

住民の側からすると、こうした協力を積極的に申し出ることは、教師の派遣や増員、質の悪い教師の交代など、学校の設置や拡大、教育の改善などを求める住民側の要求をより強く公教育省へ訴えることにつながっていた。さきの合意事項1.はその一例であろう。また、以下に引用するのは、1968年、オアハカ州の住民が、農村学校において上級のクラスを開設するため教師の増員を求めた請願書のなかで、州連邦教育局長にたいして申し出た協力項目である。

> 教員の増員を求めるにあたり、われわれは以下の仕事を遂行することを誓います。
> Ⅰ．5年生向けの教育にもっとも必要とされる教材と教具を入手するための協力をする。地図、地球儀、解剖学の壁掛け図、幾何学セット。
> Ⅱ．各住民が、図書館向け図書の一部、大工道具を入手し、校舎内を塗装するため、10ペソを寄付する。
> (……)
> Ⅴ．住民は、教師のためのべつの家を建設するため、木材の伐採をすでに開始した。
> Ⅵ．校舎をよりよく保持するため、まわりに木の柵を設置する。
> Ⅶ．生徒のためにふたつ、教師のためにふたつのトイレを建設する
> （AHSEP, DGEPET caja 5: exp.17）。

教具や教材をはじめ図書や文具など、学校で必要となる物品については、かならずしも住民の寄付によってまかなわれていたわけではなく、教師や住民が公教育省へ請求して入手する場合も多かった。しかし、この村の住民は、施設の建設や整備にかかわることだけではなく、さまざまな教育関連のものまでをも住民の側が用意することを公教育省に約束することによって、クラスを増やすために不可欠な教師の増員をはたらきかけているのである。

ここでは、学校の設置や改善にかんして、住民がすべてを公教育省に任せるのではなく、できることは自分たちでおこなうという態度を示していることが重要である。さらに注目すべきは、住民による資金や労働力の提供によって建設または整備された校舎や農場、作業場、あるいは購入された物品について、住民たちは、政府ではなく自分たち自身の所有物である

という意識をもつようになるという点である。たとえば、1952年、オアハカ州のある村の住民が、公教育省から出された指示にたいしてとった対応をみてみよう。住民と公教育省によるこのやりとりは、学校に併設された農場から得られた収益によって蓄えられた基金をめぐるものである。

> 下記署名のもの、市当局、教育委員会、学校農場委員会（すべて住民から組織される）は貴殿（州連邦教育局長）にたいし敬意をこめて以下のとおり申し立てます。
>
> Ⅰ．第4学区視学官より回ってきた文書を受けとりましたが、それによると、学校農場の蓄えによる基金をエヒード信用銀行に預けるようわれわれに要求しています。
>
> Ⅱ．学校農場の基金はすべて、校舎を再建し学校の備品を製作するため投資されたことを表明いたします。というのも、われわれは連邦政府からはいっさいの援助を受けなかったからです。すべては、この村の住民の犠牲と学校農場基金によるものです（AHSEP, DGEPET caja 10：exp.3）。

学校施設の改善や備品の購入などにかかわって、公教育省の予算不足を補うために住民から割当金や寄付金が徴収された。さらに、学校でおこなわれるバザーでの売り上げや、祭りのさいに集められた収益金、学校に併設された農場で収穫された作物を市場で売ることによって得られた収入などが、学校の改善にあてられることも多かった。さきの文書では、住民が提供し整備した土地を住民自身が生徒とともに耕すことによって得られた収入を、村の学校のために利用したことが述べられている。この申立書の最後には、翌年の基金は銀行に預けることが約束されており、住民は公教育省の指示にしたがう意志を示している。しかし、この年の基金については、住民がみずからの判断で学校の施設改善のために投資したことを、州連邦教育局長にたいしてはっきりと申し立てている。そこには、学校を改善するために公教育省の許可や資金援助を受けることなく、自分たち自身の努力で校舎や備品の修理や製作をおこなったことにたいする住民たちの自負心をうかがうことができる。

こうした点について、学校の運営をめぐる地域の交渉過程を明らかにしようとするメルカードは、ある村の調査にもとづき非常に興味深い指摘をしている。学校の建て直しにさいして、それまで使用されていた校舎を取り壊すという提案がなされると、かつてその校舎をつくるために尽力した村の住民から取り壊し反対の意見が出されることが多いというのである。そして、メルカードは、こうした住民の反対意見について、「所有権をもっている学校を守っているようであった」（Mercado 1999:83）と述べている。さらにメルカードは、学校建設をめぐる村の記憶を明らかにしようと試みたべつの論文において、学校が建設された土地をめぐってつぎのように指摘する。

> 学校の土地にかんする歴史が語られるさい、その土地については共有財産として話されるのである。土地はだれそれのものであった、これこれの方法で入手した、いまだに問題があるなどといわれるが、いまでは「学校のもの」である。地域の文脈において、このことは、土地が政府の所有ではなく、この地にある学校のものであると考えられていることを意味している（Mercado 1992:83）。

メルカードのさきの引用とあわせて考えるならば、住民が提供した資金や労働力によってつくられた学校もそれが建つ土地も、政府のものではなく住民の共有財産であるということが住民のあいだで強く意識されていることがわかる[1)]。一方、公教育省は、住民の資金や労働力によってつくられた施設であっても、政府に寄付された以上はそれを管理する責任と権限は教師にあり、最終的には公教育省にあると考えていた。そのため、学校という「財産」やその空間の使用をめぐって、ときに住民と公教育省が対立することもあった。以下の文書にみる事例は、首都の連邦区にある学校にかんするものであるが、学校の備品をめぐる住民と政府との軋轢は、農村部の学校でおこる問題と同様であることがわかる。この文書は、教室の備品であるいすをめぐって、1949年に父母会から公教育省連邦区初等教育局長あてに提出された要求書である。

> われわれは、貴殿にたいし、以下の目的のために価値ある命令を発するよう心より懇願いたします。この父母会が基金から費用を拠出した数脚の木製いすと、同じくM172学校にあるいくらかの木材をわれわれにお返しいただくことをご承認ください。今回、2年B組の子どもたちが、下記署名のものの家において、父母会独自の費用による教師から特別の授業を受けている部屋を整備するために、われわれは木材を必要としています。この授業は、子どもたちが（授業に）ついていくことが可能かどうかをみるためであり、この組の子どもたちすべてがおかれている遅れた状態は憂慮すべきものです。こうした問題をまえにして、この父母会は、無関心でいることはできません（AHSEP, DGEPDF caja 17:exp.24）。

これに続けて父母会は、自分たちの所有物である物品を自由に使うことに教師が反対していると非難し、自分たちの資金によって獲得したものは公教育省のものではなく、自分たちの学校のもの、すなわち父母と生徒のものであることを主張している。しかし、このような父母による要求にたいして、公教育省の対応は非常に冷淡であった。6行しかない公教育省の担当者からの回答には、父母会の要求に応えることは不可能であり、その理由として、いすは学校へ寄付されたものであるから、それを学校外で利用することはできないと記されてあった。さらに、教育にあたる教師は、公認のものでなければならないと付け加えられており、父母会が公教育省の許可なく独自に雇っている教師によって運営される教室は、連邦学校がおこなう正規の授業の一部としては認められないということが示唆されている（AHSEP, DGEPDF caja 17:exp.24）。この問題については、これ以上の資料がないためどのような結果となったのかはわからないが、父母会が子どもたちの教育水準の低さを心配し、自分たちの費用でまかなっている備品や教師を有効に活用しようとするのにたいし、公教育省は、そうした住民の懸念に配慮を示すことなく、備品や教師にかんする公教育省の権限を主張しているのである。

また、メキシコの農村教育を研究するロックウェルは、ある村において、学校の鍵の管理をめぐって住民と教師のあいだに対立があったことに言及している。それによると、住民は、自分たち自身で鍵を保管し、授業以外に住民集会や資金集めのためのダンス・パーティを開く会場として、あるいは倉庫として、場合によっては夜間刑務所として学校を使おうとする。それにたいして教師は、学校で物品などを保管したり、平日は学校に宿泊したりすることもあると主張する。住民も教師もともに、鍵の管理のありかたをめぐって不満を訴えているというのである（Rockwell 1996:314-315）。学校の鍵の管理にかかわる両者の軋轢は、学校の管理や使用にあたって誰にその権限があるのかという問題であり、このことは、学校そのものにたいする権限をめぐって、住民と公教育省のあいだに深い溝があることを端的にあらわしている。

このような「学校」の使用および管理にかんする権限をめぐる住民と国家の対立は、「学校」が国家の統制下にあって、国家から住民にはたらきかける場としてのみ機能していたわけではないということを示している。住民は、みずからの負担によって建設し整備した「学校」を自分たちのものであると意識している。そして、子どもの教育にとどまらず、地域内の住民が公教育省の許可なく自由に利用できる共有の場として、住民独自の論理で「学校」を利用しようとしたのである。

## 2. 教師にたいする住民の協力

つぎに、前節のはじめに引用した合意書にある合意項目2.に注目してみたい。この項目においては、教師にたいして住民があらゆる保障と援助を与えるとされている。前章までに論じてきたように、教師が勤務地で生活をするためには、勤務先の村への移動や、住居の確保、食料の調達など生活にかかわるすべてのことにおいて住民の協力や援助が必要となる。したがって、住民が教師への援助を確約することは、学校教育の普及にとって最大の要件のひとつであった。

以下の請願書は、1967年、住民が教師の派遣を州連邦教育局長に依頼したさいに、教師にたいして食料の援助を約束しているものである。

> 下記署名のもの、市長セルソ・ラミーレス＝サラス、代理マウロ・マルティネス＝ラミーレス、書記セレスティーノ・テラン＝エスコバールは、敬意を表して出頭し表明します。
>
> Ⅰ. われわれがつねにおこなってきたように、(……) この学校の仕事をあらたにはじめるため、3名の連邦教師を承認されるよう貴殿にたいしお願いいたします。
>
> Ⅱ. 今年の2月よりわれわれは、学齢期にあるわれわれの子どもたちのために十分な教師を得るよう交渉しております。今日まで、教師を迎え入れてはおりません。われわれは広い学校と十分な備品と生徒をもち、(……) 教師には無償で食料を提供することを約束しております（AHSEP, DGEPET caja 8 : exp.11）。

ここでは、教師の派遣を求めて、住民が教師に無償で食料を提供することを約束しているが、このことは、教師の派遣を決定するさいに大きな影響を与えることになるであろう。なぜならば、衣食住といった基本的生活に必要なものを教師が確保できるかどうかは、住民が学校教育を受け入れ、教師に協力するか否かによっていたからである。住民が教師を受け入れない場合、あるいはもともと学校を拒絶している場合、教師に部屋を貸さない、食料を売らないなど、住民が教師への協力を拒否することとなり、その結果、教師はその勤務地において生活することさえできないのである。教師によって書かれた回想録にも、勤務地において自分の住むところや食料の確保が難しかったこと、反対に、村役や住民の協力によって住居や食事の便宜を図ってもらったことなど、教師の生活そのものにかんする記憶が数多く語られていることは前章でみたとおりである。ここからもわかるように、さきの請願書を提出した村の住民は、校舎と備品の確保に加えて、教師にたいする生活の支援を申し出ることが、学校教育を拡大するうえで重要な意味をもっていることを理解しているのである。

さらに、住民による安全の保障は、教師の生命にかかわるもっとも重要な要素であった。カトリック教会やカシーケ（cacique）と呼ばれる村の権力者、あるいは農場や鉱山の所有者などが、みずからの影響力を保持するため、国家権力の末端組織の一員である教師にさまざまなかたちで圧力をかけ、さらに、教師が権力者の意向にそわないときには、暴力を受け命を失うこともめずらしいことではなかった。前節で引用した合意書にある学校が一時閉鎖になったのも、まさに教師の生命が脅かされたからにほかならなかった。この合意書が作成されたまえの月に、教師と司祭の対立から、司祭を支持する住民によって教師が襲われそうになるという事件が起こった。その結果、教師たちはほかの地域への異動を申し出たため教師が不在となり、学校が一時的に閉鎖となっていたのである。合意書において、教師にたいする住民の保障と援助に加え、聖職者の介入拒否が明記された理由は、こうしたことがその背景にあったためだと考えられる。教師は、住民による保障と援助がなければ、教育活動以前に、みずからの生活、さらには生命さえも守ることができないのである[2)]。

このような状況においては、教師がみずからの生命や生活を守り、そのうえで教育活動をおこなうためには、住民のさまざまな要求や要望に十分配慮し、住民の信頼を得ることが重要となる。また、学校を監督し、教師を指導する視学官も同様に、住民と接する機会が多く、そのため住民の意向を無視することはできなかった。たとえば、1928年、タマウリパス州のある視学官は、かつて働いていた教師を村に戻すよう住民から要求され、その対応に苦慮し、つぎのような文書を住民に送っている。

わたしが担当する監督局は、当該地域の住民の要求にしかるべき配慮

> をいたします。その要求とは、ロレンソ・バディーリョ氏を学校へ戻し、そうならなかった場合には、ほかのいかなる教師にもあらゆる援助をしない覚悟であるというものです。勇敢な態度をおとりになることは賞賛いたしますが、上層の学校当局への配慮が欠けていたことを残念に思います。というのも、上記のバディーリョ先生は、ヒメーネス中心村における難しい状況に立ち向かうため、連邦教育局長より命令を受けました。そのため、さしあたり、あなたがたの要求に応えることはできないでしょう。この地区の視学官として唯一あなたがたに承認できることは、（……）先生の能力が著しく劣る場合、より訓練されたほかの教師と交代させることでしょう（AHSEP, DERICI caja 1 : exp.2）。

このように、住民と直接向きあわなければならない教師や視学官は、住民の要求に応えるべく最大限の努力をせざるをえない。とはいえ逆にいうと、ある農村教師が回想録のなかで述べているように、「村の信用と信頼を得れば、教育、文化、社会活動の成功が保証される」（MCN 4:133）ことになるのである。ただし、同一地域の住民のあいだにも意見の相違や利害の対立があり、当然のことながら住民の要求や要望はかならずしも一枚岩ではない。そのため教師や視学官は、住民どうしの関係がどのような状況にあるのか、さまざまな集団の利害がどのようにからみあっているのかを十分に理解しなければならない。うえに引用したこの農村教師は、複雑な利害関係が交錯する村における教師のあるべき姿をつぎのように述べている。

> 校長は、社会のなかに存在するグループのあいだでバランスをとるため、確実な能力と広い視野をもった教師でなければならなかった。一方は豊かなものと聖職者、他方は農民とエヒードであり、その関係は、学校において決定的なかたちで影響をおよぼし、その機能を複雑にしているのである（MCN 4:114）。

学校は、地域内のさまざまな集団の力関係によって、その運営の方法が左右されるのであった。したがって教師は、各集団の複雑で重層的な関係のなかでバランスをとることが必要であり、そのための能力と視野を身につけなければならなかったのである。

教師にとってこうしたバランス感覚は、住民間の関係だけではなく、公教育省すなわち国家と住民との関係においても重要となってくる。いうまでもなく教師は、公教育に携わる公務員として公教育省の定めた教育理念や活動方針にそって教育活動をおこなうことが求められる。しかし、住民の信頼を得るためには住民の意向を優先し、ときとして国家の理念や方針とは異なる、あるいは相反する活動をせざるをえなかった[3)]。教師が勤務先の村において、さまざまな利害や権力をめぐって複雑な関係にある諸集団と微妙な関係を保持し、さらに、公教育省と住民とのかけひきのなかで両者とおりあいをつけつつ、教育活動を実践していたことはすでに論じたところである。うえに引用した視学官の例においても、住民の強い要望と州連邦教育局の決定とのあいだにたってその対応に苦慮する視学官が、妥協策を提案することで住民との関係を維持しようとする姿がみえてくる。

一方、住民は、非常に微妙な立場におかれている教師に援助を与えるかわりに、また、場合によっては援助を拒否するかまえをみせて、自分たちの利益や権利を主張するためにしばしば教師を利用した。具体的には、エヒードの獲得や、居住地域内外で生じる諸問題の解決を求めて、住民は教育以外の問題にかんしてもしばしば教師の助言や協力を依頼している。教師は、こうした住民の依頼に応えることが村における信頼を獲得することにつながるため、専門外の分野や教育に無関係のことにおいてもあらゆる努力をせざるをえない。すなわち、教師が派遣されてきたということは、住民の側からすると、子どもたちに教育を与えるという本来の目的に加え、住民どうしの、あるいは国家とのあいだにたって利害を調整してくれるあらたな「仲介役」、「交渉役」を手に入れることになるのである。

## 3. 住民による教師交代要求

教師の任命にかんしては、地域において無償で子どもたちに読み書きを教えているものや住民側が報酬を払っている教師を、連邦教師として採用するよう住民から公教育省に要求する場合もある。しかし、多くの場合、公教育省が予算などの全体の状況を判断して教師の派遣先を決定する。そのさい、教師の希望や出身地とは無関係に勤務地が指定されることも多く、また、比較的頻繁に異動命令が出されるため、教師はいくつかの村を短期間のうちに転てんとすることもあった。住民にとっては、どのような教師が派遣されてくるかわからず、また、さきに引用した視学官の文書にもみられたように、公教育省の異動命令に逆らって住民の希望する教師を村にとどめておくこともできなかった。そのため、質の高い信頼できる教師の確保は、住民にとって重大な関心事でありながらも、かならずしも望みどおりにはならないことであった。

それゆえ住民は、教師の派遣を要請する場合、信頼のできる既知の教師を具体的に指名することも多かった。また、公教育省あての請願書のなかには、教師にたいして不満をもっていた住民が教師の交代を求めて提出した文書が数多く残されていることからも、住民が教師にたいして厳格な目を向けていたことがわかる。こうした請願書をみると、住民によって不適格であると判断された教師は厳しい批判を受け、そして交代が求められる。公教育省は、このような教師にたいする住民の批判や交代要求にたいして、視学官を派遣して調査するなどの対応を迫られることになる。

たとえば、1931年、チアパス州のテネハパという町の住民が、公教育大臣にあてた学校設置の請願書をみてみよう。この町では、1927年まで連邦、州、市それぞれの政府が学校を維持していたが、その後、連邦政府の学校が廃止され、市に援助された州政府の学校のみが存続していた。しかし、この学校に勤める教師にたいして住民が痛烈な批判を展開する。この請願書からは、よりよい教師を求めて、あらたに連邦政府による学校を設置するよう要求する住民の熱心な姿が浮かび上がってくる。

> 下記署名のわれわれチアパス州テネハパの父母会および住民は、最大の敬意を表して、緊急の必要性と、以下に述べる真の理由にもとづき、われわれの住む村に連邦学校を設置するよう決定されることを貴殿に訴えます。(……) 昨年、この州は、われわれの学校の教師として、(……)・(……) きょうだいを指名しましたが、彼らは、情実によって、また賃金をもらうためだけにその仕事を手に入れたのです。それが周知であるのは、ほとんど読み書きができないからです。われわれは、不満や反感をもって、読み書き段階の子どもたちをその学校に委ねなければなりませんでした（AHSEP, DGEPET caja 10：exp.3）。

続けて住民は、この教師たちが学業の面だけではなく、道徳的な面においても不適格であることを非難し、その年のなかばには学校が閉鎖されたと述べている。さらに、翌年になっても同じ教師が任命されたため、州政府に教師の交代を求めたにもかかわらず、州政府がそれに応じなかったと訴え、連邦政府の学校をあらたに設置するよう州連邦教育局へ要求したのである。しかも、州連邦教育局だけではなく、同じ請願書が直接公教育大臣にあてて提出されている。また、この請願書が提出される1ヶ月ほどまえに、住民たちは州知事にたいしても、これらの教師が村の文化や生活の豊かさからはほど遠い仕事しかせず、村に軋轢をもたらすために政治グループを形成していると非難する文書を送っている[4)]。

つぎにみる文書は、教師を交代してもらったことによって教育の質が向上したとして、ある村の村役がそのことにたいする感謝の意を公教育省だけではなく大統領にまで表明しているものである。

> この村の州と市政府に属する学校の維持は、わたしが代表する村のような貧しい村にとっては大きな問題でした。貧しい村では、存続していくための資源が完全に不足し、さらに教師の賃金を払うために寄付

をしなければなりませんでした。(……) 大統領閣下、この村でわれわれが送っている遅れた貧しい生活は、本当にひどいものであり、過去の政府は、悲惨で無知の暗闇のなかに沈んだ生活を送る不幸な先住民について、なんの心配もしていませんでした。さらに、1936年なかばごろまでにこの学校へ奉仕するためにやってきた教師たちは、彼らの使命をはたすどころか、この気の毒な村にとってさらに重いお荷物となりました。というのも、われわれの無知を悪用し、彼らに支払いをしている村にいっさいの利益をもたらすことなく賃金を受け取りに来たからです。われわれがこの村の学校を閉鎖してほしいと望んだのはこのためなのです。しかし、まさに1年前の昨年8月、現在のこの教育施設の校長であるヘナーロ・ヒメーネス＝ロペス氏が教師としてやってきました。そのとき、われわれは、意識の高い教師によって、そして、子どもと若者だけではなく村全体を教え導く神聖な義務を遂行することに真に心を砕く教師によって指導される学校の有用性に気がつきました（AHSEP, DGEPET caja 1: exp.14）。

このように、教師の質の善し悪しを住民が厳しく判断し、住民の基準にあわない教師の交代や、さらには学校の所属の変更や閉鎖までもが求められた。反対に、子どもたちにたいする教育や村の生活向上に熱心であるとして住民から認められた教師は、熱烈に支持されることとなるのである。

以下の請願書は、1979年、チアパス州のある村が、学校を公教育省の所属から先住民問題を専門にあつかう国立先住民研究所[5)]の所属に変更するよう要求しているものである。この所属変更の申し出の原因が、教師に質にかかわるものであった。

われわれは連邦教育局に所属していますが、以下のことを貴殿にお知らせいたします。努力して子どもたちを教育するよう委任されていた教師たちは、何年ものあいだ、任務の達成を成し遂げることはできませんでした。(……) 多くの生徒が、しかるべき仕事を遂行する教師

> が欠けているために、教育を受けずに成長してきました。われわれは、仕事において誠実な教師をひとりもみたことがありません。やって来ては気候になじまないというだけで、数日間働くと去っていきます。そして戻ることはありません。それゆえ、学校は閉鎖されたようにみえます。この村の父母、一般住民は、総会において先住民調整局の所属へと変更する目的をもって集まりました。なぜなら、そこの教師たちは仕事において時間を守るからです（AHSEP, DGEPET caja 1 : exp.52）。

ここでいう先住民調整局とは、国立先住民研究所の出先機関として1950年代に設置された先住民調整センターをさしていると思われる。このセンターは、先住民居住地域の社会的、経済的、文化的発展を目的に、教育のほか農業や医療などさまざまな分野においておこなわれる先住民の生活改善をめざした活動を統括した。とくに教育の分野においては、この時代、先住民言語とスペイン語の二言語による教育を進めようとした。この二言語教育については、スペイン語教育を優先したい住民が、この研究所所属の村の学校を公教育省の管轄へと移すよう要求する村もあり、先住民村落すべてに受け入れられたわけではなかった。しかし、うえの請願書を提出した村は、教師の質の高さを求めて、村の学校を公教育省ではなく、国立先住民研究所の所属とするよう希望したのである。

こうした住民による教師の交代要求は、かならずしも子どもにたいする教育者としての資質を問題としていただけではないだろう。本節のはじめに引用した文書においては、教師の能力や道徳的な資質とともに、村における政治的な活動が批判されている。いずれにしても、多くの場合、村外出身者であるよそ者の教師の活動は、あらゆる面において住民の監視のもとにあり、住民の高い評価が得られた教師は住民からさまざまな援助を受けることができる。その一方で、教師が住民の批判を受けるような行動をとれば、住民によって排除されることとなるのである。

# おわりに

メキシコにおいて学校教育が普及していく過程のなかで、住民がそれにたいしてどのような意識をもち、どのように対応するかがいかに重要であったかをみてきた。政府が、限られた予算内で多くの学校をつくろうとするならば、住民の協力が必要となる。住民は、資金や労働力などの負担を強いられる一方で、みずからの努力でつくった学校にたいして「自分たちの学校」という意識をもち、政府に協力をすることで発言権を強めることとなったのである。

教師にたいしても同様に、衣食住といった基本的な生活にかかわることから、生命をも含めた安全の保障にかかわることまで、さまざまな側面において住民が大きな影響力をもっていた。それは、教師にたいする厳しい視線につながり、住民の高い評価を得ることのできる教師は勤務地において信頼と尊敬を受けることとなる。そして、それが公教育省においても教師としての評価につながっていったであろう。一方で、住民の要望や要求に応えることのできない教師は、住民による協力の拒否、子どもの就学拒否、公教育省への教師の交代請求など、住民による批判にさらされることとなる。と同時に、公教育省から教師としての資質を問われることにもなった。

学校や教師にたいするこうした住民の対応は、学校が国家による住民の教育、管理、支配の場となっているだけではなく、住民の強力な主導権のもとで、子どもたちへの教育に加え、居住地のさまざまな利益や権利を追求する場ともなっていることを示している。ただし、さきにもふれたように、住民の利害はけっして一様ではなく、同一の共同体内や近隣の共同体間で、あるいは、さまざまな集団や個人のあいだで意見の相違や対立がある。学校のもうひとつの機能として、住民どうしの利益や権力をめぐる交渉の場、あるいは合意やアイデンティティの形成の場となっていたことにも注目しなければならないだろう。

**注**

1) 校長の交代などによる学校の引き継ぎのさいには、かならず備品目録が作成され、教師のほかに住民もそれに署名している。このことも、学校の備品の管理に住民が関与していることを示している。また、学校関連の不動産は、寄付によるだけではなく土地や建物などを借り受けることもあり、そのさいには賃貸の契約にかかわる文書も作成された。場合によっては、賃料の支払いをめぐって問題が生じることもあり、そのためか、過去の書類にあたって学校の不動産の所有権を確認し、それを記録した文書も残されている。
2) この合意書が書かれた村では、学校を支持する住民と、司祭とともにそれに反対する住民とのあいだで意見の相違があったのではないかと推測されるが、残されている資料からでは推測の域を出ない。しかし、教師の回想録のなかには、同じ村において協力的な住民と反抗的な住民の両者が描かれることもあり、同じ地域の住民のあいだにも多様な考えがあったことがわかる。同じ村の住民とはいえ、つねに利害の一致する一枚岩の状態に住民があったわけではないということに留意しなければならない。
3) 前章で述べたように、たとえば、住民に信頼されるため、司祭がおこなうミサを手伝うというかたちで宗教行為に関与した農村教師フアンの「戦略」がその一例であろう。
4) メキシコにおいては、住民が政府にたいしてなんらかの要求をするさいに、大統領をはじめあらゆる関係者あるいは機関に要望書を送ることが多い（*Los abajos firmantes: cartas a los presidentes 1920-1928*, México: SEP/Archivo General de la Nación/Editorial Patria, 1994, *Los abajos firmantes: cartas a los presidentes 1934-1946*, México: SEP/Archivo General de la Nación/Editorial Patria, 1994 なども参照のこと）。

   この地域の住民たちも、公教育大臣、州連邦教育局長、州知事などさまざまな関係者にあてて文書を提出している。また、公教育省歴史文書館に残されている文書をみても、住民は、住民の側に立つ団体や政治家などに学校設置や改善などを公教育省にはたらきかけるよう依頼しており、多様なルートを使って要求をつきつけていることがわかる。
5) 国立先住民研究所は、第2章注12) で述べたように、1940年にサエンスやガミオが中心となってメキシコにおいて開催された米州先住民会議の議論を受けて、1948年、メキシコにおいて先住民政策を担う大統領直轄の機関として設置された。この研究所は、先住民にかんするさまざまな調査や研究をおこなうと同時に、教育のほか、産業振興や医療福祉など社会資本の整備といった先住民の生活向上のための政策を実施し、国家主導のインディヘニスモの中心的役割を担った。しかしながら、1960年代後半からは、そうしたいわゆる官製インディヘニスモにたいする批判が高まり、2003年に閉鎖された。この点については、北條2006などを参照のこと。

# 終章　メキシコにおける教育社会史研究に向けて

## 1. あらたな「公共空間」としての農村学校

公教育は、近代における国民国家形成期以降、「国民」形成のための手段のひとつとして、世界の多くの地域において重視されてきた[1)]。19世紀はじめに独立したメキシコにおいては、その後、国内の権力争いや欧米列強の干渉など国内外の混乱の時代をへた19世紀後半には、独裁政権のもと近代化が推し進められるなかで、教育関連法の制定、師範学校の設置など公教育制度の確立と学校教育の普及に向けた教育政策の整備がはかられた。とりわけ、先住民系住民が多く、人口全体の7割近くの国民が居住する農村地域における教育の普及は、国家にとって重要課題のひとつであった。その課題を解決しようとする実質的な取り組みは、1910年にはじまる革命による混乱が一段落した1920年をまたなければならなかった。それ以降、革命政権は、全国規模で農村学校を設置するなど、学校教育の普及に尽力した。

連邦政府が農村教育政策を積極的に推進していった背景には、多民族、多文化国家から「同質的な文化」をもった統一国家へとメキシコを転換し、統一国家のもとで経済および社会の発展をめざすという国家指導層の意図があった。農村教育は、そうした統一国家形成と国家の経済的、社会的発展を担う「国民」を育成するための重要な道具とされたのである。従来の教育史研究の多くは、公教育の普及を是とする前提に立ち、このような教育観をもつ国家指導層の教育思想や教育政策、また、法律やカリキュラムなどの制度、すなわち国家の意図や計画の歴史の解明を中心に進められてきた。その一方で、国家主導による教育は、多民族、多文化のなかに生きる人びとの多様性を無視し、国家に忠実な国民あるいは労働者を育成するための「国家のイデオロギー装置」であるとして、これを批判的にとらえる研究もこれまで数多くなされてきた。

本研究においても、国家指導層が、「同質的な文化」をもつ統一国家の形成に向けた重要な手段として学校教育を位置づけていたことの問題性を検討した。今日においてもなお、そうした公教育にかんする批判的研究の意義は失われていないと考えるからである。しかしながら、この時代の国家主導による教育政策や教育活動は、多民族、多文化状況を発展の阻害要因とし、その克服と統一国家形成に向けた国家による一方的な同化あるいは統合主義政策にすぎないとしてこれを批判するだけでは十分とはいえないだろう。なぜならば、こうした政策や活動にたいして、農村地域の住民が実際にどのように対応したのか、その生きた姿がみえてこないからである。

これまで述べてきたように、教育を受ける側である住民は、国家から派遣されてくる教師やあらたに設置される学校を無視あるいは拒絶したり、その反対に積極的に受け入れたりするなど、その対応は地域や時代、あるいは階層や性別などによって実に多様であった。また、積極的に学校教育を受け入れようとする住民であっても、教師や視学官の指示に忠実にしたがっていたわけではなかった。すなわち、国家の意図したとおりに住民が学校や教師を受け入れ、教育が普及していったとはいえないのである。それゆえに、メキシコの教育構造を明らかにするためには、国家の意図や計画である教育思想あるいは教育政策を批判的に検討するだけではなく、そうした国家の意図や計画を実際に住民がどのように受けとめ対応してきたのか、その生きられた歴史を明らかにすることが重要となってくる。

こうした問題意識のもと本書ではまず、19世紀末以降、先住民が多く居住する農村地域へ学校教育を普及することの重要性が認識されるようになった背景を探るため、国家指導層が、先住民社会やメキシコ社会をどのように認識し、どのような国家像を描いていたのかを検討した。そして、国家主導のもと全国規模で拡大していく学校教育、とりわけ農村地域における学校に、国家指導層がどのような役割を求めたのかを明らかにしようと試みた。そうした検討をふまえて、実際に普及していく農村学校が、国家と住民あるいは共同体とのあいだにある緊張関係のなかで、いかなる機能をはたしていたのか、国家と住民とのはざまに立たされた農村教師に焦点をあてて考察した。

第1部においては、メキシコの農村部に先住民系住民が数多く居住していたことから、農村教育が先住民にたいする教育ともなっていたことをふまえ、農村教育あるいは先住民教育政策の決定と実施において中心的な役割をはたした3名の指導者バスコンセロス、ガミオ、サエンスを取り上げ、「混血」と「インディヘニスモ」という視点から彼らの国家像を論じた。まず、すべての人種の混血からなるあらたな人種の誕生を予言したバスコンセロスは、メキシコにおけるスペイン文化の影響を重視する一方で、先住民文化を「野蛮」とみなし、混血による「野蛮」の「文明化」をみずからの使命とした。また、先住民文化の価値を認めようとするインディヘニスモの流れにあるガミオとサエンスは、生物学的に白人よりも劣るとされてきた人種主義的な先住民のとらえかたを否定し、歴史的、地理的、政治的要因による都市白人社会からの経済的、社会的、文化的「遅れ」として先住民社会をとらえた。

バスコンセロスとガミオ、サエンスは異なる立場にありながら、先住民社会を「西欧文明」の継承者である都市白人層の社会に統合するという意味での「混血」という点において共通していた。さらに、彼らにとって都市白人層の文化の優位性は疑うべくもなく、「文化的後進性」のゆえに声をあげることのできない先住民は、白人による救済をまつ受け身の存在としてとらえられた。バスコンセロスにとっては「野蛮の文明化」が、そしてガミオやサエンスにとっては先住民の「救済」が、学校教育の目的だったのである。しかしながら、彼らが理解していなかったことは、農村地域に住む人びとが、声をあげることもできず救済の手をまつだけの受け身の存在ではけっしてなかったということである。また、学校教育にたいして住民が無関心であったり抵抗したりすることは、かならずしも、経済的、社会的、文化的「遅れ」や「宗教的狂信主義」によるものではなく、そこには、自分たちの生活や子どもを守ろうとする住民の意思が働いていたということも理解していなかったのである。

第2部においては、まず、「生物学的劣等」から社会的、文化的「遅れ」という先住民にたいする認識の転換によって、国家指導層が先住民教育の可能性をみいだしたことを指摘し、さらに都市に住む白人や混血層とは異なる先住民のための独自の教育の必要性が認められるようになったことを論じた。先住民のための特別な教育は、地域の実情にあった農牧業や小規模工業などの産業の促進、衛生や病気予防のための生活改善、スポーツや音楽などの文化活動、女子のための家事労働など、読み書き算にとどまることのない広範囲な活動を含んで計画された。そうした農村における社会改良あるいは生活改善運動ともいうべき活動は「農村教育」と呼ばれ、それを担うための「農村教師」という専門職が誕生することになった。国家は、こうした農村教育をつうじて、「近代的、科学的」知識を身につけた生産者および消費者、さらに、国家に忠誠を誓う愛国心をもった「メキシコ国民」を育成しようとした。そして、家族と共同体の一体化をとおして、農村地域の住民を国家へと統合することをめざしたのである。

第3部においては、こうした国家主導の農村教育にたいして住民がどのような対応をしたのかを明らかにするため、実際の教育現場にあって直接住民と相対することになった教師がどのような活動をおこなったのか、また、住民が学校にたいしてどのような要求をしていたのかを検討した。そのうえで、メキシコにおける農村学校がどのような機能をはたしていたのかを論じた。

都市から遠く離れた農村地域に派遣される教師は、勤務先への移動から勤務地の村における生活、そして教育活動にいたるまで、地域住民の協力がなければ何もすることができない状況におかれていた。それればかりか、学校教育を拒絶する地域においては、暴力によって村を追い出されたり、場合によっては生命さえも奪われたりするという危険に直面していた。そこで教師は、みずからの生命や生活を守り、そして教師としての任務をはたすためにどのような行動をとったのか、教師の回想録などを史料として、生き残りのための教師の「戦略」を検討した。その結果、教師はつねに国家の計画や指示どおりに教育活動をおこなったり、住民を指導したりしていたわけではなく、住民の信頼を得るため、彼らと妥協したり、距離をおいたり、ときには彼らに服従したりすることによって住民との関係を維持しようする姿が浮かび上がってきた。一方、教師の受け入れに際して、校舎や備品製作のための資金や労働力の提供、教師の日常生活にたいする支援など、さまざまな点において優位に立つ住民は、教育を受容したり拒絶したりしながら、みずからの権力や利益の保持、拡大をはかるべく教師や学校を利用していたことが明らかとなった。

メキシコにおける農村教育の拡大は、国家の指導層にとっては、メキシコ全国に国家の影響力を広げるとともに、国家の発展のために有用な「メキシコ国民」の育成とその国民の統合を成し遂げるための重要な過程であった。しかしながら、国家のそうした意図のとおりに住民が学校教育を受容したわけではない。住民の側は、国家から派遣されてくる教師が自分たちにとって有益であるかどうかを厳しく判断し、有益であるとされた教師を「仲介役」として使いながら、さまざまな価値や権利や権力をめぐって国家とかけひきを繰り広げていた。すなわち、「農村学校」は、こうしたかけひきをするためのあらたな「公共空間」あるいは「社会空間」として機能していたのであり、住民にとって農村教育の拡大は、国家と「交渉」をおこなうための手段を手に入れることを意味していたのである。ただし、ここで留意しなければならないことは、同一地域内あるいはひとつの共同体内であっても、住民のあいだにある利害や権力をめぐる関係は重層的であり、住民すべてが学校教育にかんして同じ方向を向いていたわけではないということである。それゆえ、あらたに設置される学校を受け入れるのか否か、受け入れるとするならば学校にたいしてどのような期待をもち、なにを要求するのかなど多くの点において、政治的、経済的地位や性別、世代などの相違によって、住民のあいだには多様な意見が存在していたのである。

## 2.「公共空間」をめぐる住民と教師の生きられた歴史

農村教育をめぐってもっとも顕著な対立があらわれるのが、農村教師の回想録にもその事例が多くみられるように、農場主と土地をもたない住民とのあいだの関係であった。農場主や鉱山主には、労働者の子どもたちのために学校を設置するよう1917年制定の憲法に規定されているが、その出費を嫌って農村学校の設置に消極的な農場主や鉱山主が数多く存在していたと思われる。さらに、この時代、連邦政府が進めるエヒードの創設による農民の組織化のなかで、農民による土地申請のための書類作成や当局との交渉にあたって、教師が助言者あるいは仲介者として住民に協力していたことにたいして、土地をもつ地主は強い警戒心を抱いていた。土地を求める住民は教師の派遣を教育当局へ要求し、教師の教育活動に協力する一方で、土地を保持したい農場主は教師による活動を妨害しようとする。あるいは、地域の支配者のなかには、学校の活動に一定の協力をしたり、教師になんらかの利益供与をはかることで、自分たちに都合のいいような活動をするよう教師を取り込もうとしたものもあった。同様の問題は、教師による農民や労働者の組織化を警戒する鉱山主や、国家権力の介入を嫌う地域権力者であるカシーケが存在する地域においても生じていた。

20世紀前半のメキシコにおける公教育をめぐっては、地域の権力者との関係のほかに、教育にかかわる多くの人びとに多大な影響を与えていた問題が、国家と教会との対立関係であった。植民地時代から絶大な影響力をもつカトリック教会による支配から住民を「解放」し、「近代的、合理的」知識を身につけた「国民」として国家に統合したい政府は、教会財産の没収や聖職者の追放など、政権によって程度の差はあれ基本的には反宗教政策を推進してきた。とりわけ学校は、国家の反宗教政策を推進する中心的機関となったため、反宗教教育を嫌う住民による連邦学校とその教師にたいする抵抗は激しいものであった。それは、多くの教師が暴力を受け、あるいは命を落としていることからもみてとれるだろう。住民によるエヒード獲得という点においては、農地改革を進めたい国家と土地の利用権を求める住民とでは利害が一致するものの、教育からの宗教の排除という点においては両者は対立していたのである。

この点にかんして、カルデナス政権と農民との関係をミチョアカン州をフィールドとして研究するベッカーは、同政権時代に導入された「社会主義教育」にたいする住民の反発をめぐって、農村教師の発言を引用し、つぎのように指摘する。

> 「わたし（教師）は、繰り返し彼ら（農民）にあなたがたは間違っているといったが、彼らは、子どもを学校へ通わせるよりも罰金を払うほうがいいとわたしにいった」。（ある村の）エヒード農民たちはまた、農民たちを土地から追い払うという政府の脅しにもかかわらず、子どもたちを学校へ通わせることを拒否したのである（Becker 1995: 128）。

ここからみえてくるものは、住民たちが獲得したエヒードを取り上げられたとしても、子どもたちを守ろうとする親の姿である。そうした親の厳しい態度の背景には、宗教を教育から排除しようとする政府にたいする強い不信感があった。とりわけ住民の不信感を高めた政策が、1930年代はじめに導入された「性教育」であり、1934年の憲法第3条改定による「社会主義教育」の規定であった[2)]。当時、カトリックの教義にもとづく旧来の理念にかわり、優生学や育児学など、20世紀前半に導入された「科学」に依拠した社会改良のための政策が、公教育においては「性教育」というかたちで取り入れられることになる。聖職者たちは、連邦学校のなかでは「性教育」の名のもとに、子どもたちの服を脱がせ、ふしだらな行為をさせているとしてこれに強く反発し、子どもたちを学校に通わせないよう親たちに指示を出した。住民の多くもまた、それに呼応して子どもたちの通学を拒否したのである。エヒードの保持よりも子どもたちの教育を優先させようとするさきのミチョアカン州におけるエヒード農民の事例は、学校教育における宗教の否定に加えて、「性教育」にたいする反発ということがその背景にあった（Becker 1995:126）。こうした激しい住民の抵抗をまえにして、最終的にはこの政策を推進した公教育大臣バソルスが辞任に追い込まれるにいたったのである（国本 2009:234、松久 2012:225-229）。

国家による反宗教政策は、たんに教育から宗教を排除し、「近代的、合理的」知識を子どもたちに授けるという側面にとどまるものではなかった。メキシコの農村地域においては、行政と宗教とが密接に関連したカルゴ・システムと呼ばれる共同体統治のしくみがある[3)]。反宗教政策は、こうした各地域に根づいている独自の統治のしくみを破壊し、州や市などの地方自治体をつうじた国家の支配体制を確立しようとする試みでもあった。国家にとって農村学校は、そうした支配体制をつくりあげるための最前線の機関のひとつであり、農村教師はその末端要員だったのである。それゆえに、独自の統治のしくみが確立している共同体においては、連邦学校とそれを運営する教師は、村の秩序を脅かす存在としてあらわれていたことになる[4)]。国家主導による学校教育にたいする無視や拒否、あるいは学校や教師の利用は、こうした共同体の秩序や統治のしくみを維持するための住民の巧みな戦略のあらわれでもあったのである。

学校における活動をめぐる住民の対応については、スペイン語の読み書き、農業実習やスポーツ、医療行為など、宗教以外の教育内容においてもさまざまな意見の相違がみられた。たとえば、革命による内乱や貨幣経済の拡大など社会の変化にともない、外部社会との接触においてスペイン語を必要と感じる住民がいる一方で、スペイン語の読み書きができるために、逆に外部の社会に利用されるといった懸念をもつ住民がいる。さらに、スペイン語の読み書きができるようになることで、子どもが出身地域から出ていってしまうと親たちが心配する場合もあった。また、農村学校におけるさまざまな実習によって農工業の技術を身につけたいと考える住民がいる一方で、農業実習やスポーツよりもスペイン語の読み書きや算数などのいわゆる基礎教育の充実を求める住民もいる。医療行為をめぐっては、地域の医療行為を担ってきたいわゆる「呪医」に信頼をおく共同体がある一方で、学校における活動の一環として、あるいは教師の個人的な知識によっておこなわれるいわゆる西洋医学にもとづく医療行為によって、病気やけがが治癒したことで住民の信頼を獲得する教師も存在した。

学校教育をめぐるこうしたさまざまな考えかたの違いは、同一地域内、同一共同体内、家族内においてさえも存在していたのであり、その対応は実に多様であったということができるであろう。こうした多様な対応のありかたを考察することは、メキシコ社会全体の変化とともに共同体における従来の権力関係や秩序、価値観も変化を迫られるなかで、住民はどのような価値を選び、そしてどのような権力関係や秩序を構築していくのか、すなわち住民それぞれが社会の再編成にどのようにかかわっていくのかを明らかにすることにつながる。「公共空間」としての農村学校は、そうした社会の再編成にかかわる住民の姿を如実にあらわす場となっていたといえるだろう。本研究は、20世紀前半のメキシコを事例として、その「公共空間」において、変化する社会に対応しようとした住民や教師の生きられた歴史の一部を明らかにした。

## 3. 今後の課題

本研究には多くの課題が残されているが、とくにふたつに絞って最後に言及しておきたい。

中内は、国家の関与する公教育制度の本質をどのように性格づけるかについて三つの考えかたがあるという。ひとつは、公教育を「人道主義の所産・人権拡張の方法」とする考えかたであり、ふたつめは、「公共性を通してその特殊利害を貫徹させる階級支配のイデオロギー装置」とするものである。そして、一見すると対立しているかにみえる両者の公教育観は、「公教育という国家制度をなんらかの目的に奉仕するひとつの道具とみている点では同じである」と指摘する。また、第三として、「イデオロギー分野における階級闘争の『場所』」とする考えかたをあげる。こうした三つの考えかたをあげたうえで中内は、「教育の社会史観に、以上いずれの立場をも留保とする国家教育観がある」のではないかと述べる（中内1992:34）。

中内のこの指摘にしたがうなら、本研究は第三の考えかたに近いように思われるが、こうした立場を留保とする異なる国家教育観はどのようにして描き出せるのだろうか。今後の課題の第一はこの点にある。本研究の根本には、子どもの「ひとりだち」という人類に普遍的な営みを、時代や地域などに応じた多様な条件のもとで、どのように保証するのかという問題意識があった。しかしながら、こうした子どもの「ひとりだち」をめぐる営みは、地域や時代や階層などさまざまな要素を考慮して、家族や共同体などミクロな場において検討しなければみえてこないであろう。近年では、地域を具体的に絞り込んだ非常に詳細なメキシコ教育史研究の成果が数多く出されてきた。しかしながら、こうした研究は、共同体内あるいは共同体と国家間における多様で複雑な権力関係や利害関係を明らかにしようとしたものがほとんどであり、子どもの「ひとりだち」を助成するという狭義の意味での教育に焦点をあてたものではない。したがって、今後はこうした先行研究に学びつつも、家族や共同体が有している子どもの「ひとりだち」をめぐる思想や実践の歴史を地域の実情にそくして明らかにしていくことが課題となるだろう。

そこで問題となるのは、こうした子どもの「ひとりだち」をめぐる思想や実践をどのような史料にもとづいて明らかにするのかという点である。本研究では、公教育省が刊行した当時の公報、雑誌、報告書に加えて、教師や視学官の報告書、公教育省の官僚が出した公文書、さらに、農村教師の回想録および住民の請願書などを一次史料とした。とりわけ第3部においては、教師の回想録と住民の請願書を中心に国家と住民との関係を明らかにしようと試みた。むろんこうした史料から、20世紀前半のメキシコの農村地域において、実際の教育現場において必死に活動した教師や住民の生きられた歴史の一部を読み解くことはできた。しかしながら一方で、ここには大きな限界もある。

この回想録は、公教育省が農村教師経験者にたいして回想録を募集し、それに応募のあったもののなかから研究者らが選んで編集したものである。こうした記録を残そうとする教師たちであれば、熱心に活動した教師ばかりであろう。いうまでもなく、命を落とした教師はもちろん、公教育省や住民によって排除された教師たちが国家と住民とのあいだにあってどのような活動をしたのかという点については、回想録にふれられていることから推測するしかない。そうした意味においては、本書で明らかにしたメキシコの農村教師の歴史はごく一部の歴史でしかない。また、住民の請願書についても、請願書を当局へ送るという地域はとくに教育に熱心な地域であって、大量に残されているこうした請願書をどれほど繰ってみても、学校教育を無視あるいは拒絶したものたちの歴史を明らかにすることは難しい。また、公教育省など関係当局に提出された公文書という史料の性格から、この内容をどのように解釈するのか慎重に検討しなければならない。したがって、メキシコにおいてどのようなものが史料となりうるのか、その研究枠組みのさらなる精緻化とあわせて検討することがもうひとつの課題となるだろう[5)]。

**注**

1) 明治期以降の日本においては、小学校が普及する過程のなかで、当初は学校と住民との軋轢があったものの、比較的速やかに学校教育が普及していった。一方、日本と同じような時期に公教育制度を整備していったメキシコにおいては、日本と比較してその普及は遅々として進まなかったといえるだろう。なぜ、両国のあいだにはこのような違いが生じたのか、本研究に取り組むきっかけはこうした素朴な問いにあった。学校教育を社会の発展の道具とし、さらに学校教育の普及を無条件に正しいこととみなす立場からは、学校教育の普及していない状況は「遅れ」とみなさざるをえない。こうした視点に立つならば、メキシコは日本と比較して「遅れている」ということになる。これでは、本文で批判してきた「インディヘニスモ」の立場と同じになってしまうのではないか。いうまでもなく、本研究はメキシコ教育史のごく一部を明らかにしたにすぎないが、うえのような立場を排したうえで、本書を両国の違いを考察するための第一歩としたい。

2) 1934年の憲法第3条の改定によって、国家の与える教育は「社会主義」であることが明記され、さらに、「宗教的教義を排除する」、「狂信主義や偏見と闘う」という1917年憲法にはなかった文言が加わり、反宗教色がさらに強まった。

3) カルゴ（cargo）とは、本来、職務や任務を意味するスペイン語であるが、メキシコの先住民共同体においては、行政および宗教上のさまざまな役職のことをカルゴという。共同体の成員男子は、下位から上位のカルゴへと段階的に役職をこなし、共同体の管理運営にあたる。こうした行政と宗教が密接に結びついた統治のしくみをカルゴ・システムと呼ぶ。

4) この点について、メキシコ革命とカトリック教会との関係を研究する国本は、「彼ら（クリステーロス）は、連邦政府の宗教への介入は、長い歴史の中で培われてきた地域社会の伝統文化と農村社会の価値観を変化させ、地域社会の自治を崩壊させるという認識をもっていた」と指摘する（国本 2009:228-229）。

5) 中内は、人口動態にかんするデータや「日常物質文化」にかかわる史料などが教育の社会史研究の重要な史料の一部となりうると指摘する。そして、社会史の問題として、「社会史は、『国境』を越えて生きられた『人類史』を明らかにしていくと同時に、そこで得られた固有の認識の枠組でもって、意図され、制度化されてきた国家（理性）史（としての教育史）の世界をとらえなおし、その意味、性格を問わなければならない」（中内 1992:234-235、かっこ内中内）と述べたうえで、教育の社会史研究が進む方向性についてつぎのように指摘する。

> いわゆる社会史を小文字の社会史とすれば、こうして既成の実証主義教育史が独占的にとりあつかってきた歴史のこの次元をみずからのマトリックスのなかにとりこみ、包摂する大文字の社会史へと成長しなければならない、ということである。国家史とのこの緊張したむき合いのない社会史は、国家から逃避した群衆と私的庶民のわびしさの歴史になってしまう。(……) これからの社会史は、産育と教育の（小文字の）社会史のうえに、国家と行政によるその先どりもしくは総括の歴史としての公教育制度史を位置づけ、その性格を問うものになっていかなければならない（中内 1992:235、省略を除くかっこ内中内)。

注1) で述べたように、本研究の根底には、日本とメキシコとで学校教育の普及のありかたが異なるのはなぜかという問題関心があった。「小文字の社

会史から大文字の社会史へ」、すなわち「教育制度の社会史」（木村 2012）へと研究を進めることが、こうした根本的な疑問を解くことにつながるのではないだろうか。

# 補論　統合主義から多文化主義へ

## —成長する農村教師—

公教育省とともに先住民にたいする教育政策を担っていた機関に、大統領直属の国立先住民研究所があった（第2章注12）、第9章注5）を参照のこと）。この研究所は、教育のほかさまざまな先住民にかかわる問題を研究するとともに、先住民の生活向上のための政策を立案、調整、実施する行政機関でもあった。ガミオやサエンスの思想の流れをくむ同研究所を中心として実施された政府主導の先住民政策は、先住民居住地域を経済的、社会的、文化的に「遅れた」地域と位置づけ、その地域住民の生活改善と「国民社会」への「統合」によるメキシコ社会全体の発展をその目的としてきた。しかしながら、1960年代後半になると、メキシコの言語的、文化的同質性を高め経済的、社会的発展をめざす統合主義的な先住民政策に鋭い批判が出されるようになる。本文のなかでもふれたように、こうした先住民政策、いわゆる「官製インディヘニスモ」の思想や政策にたいする批判については多くのところで論じられてきた（小林 1983b、田中 2000、松久 1982など）。その批判のひとつは、政策の担い手がつねに非先住民であり、非先住民によって「統合」の対象とされた先住民自身は、支援の手をまつ客体として位置づけられたことに向けられた。また、先住民の文化やアイデンティティに配慮しつつも、最終的には「混血」によって「国民社会」へ統合しようとする試みは、結局、先住民社会を破壊し、先住民をメキシコ社会の最底辺に再編することになったと批判されたのである。

この時代になると、統合主義的な先住民教育への批判が高まるにつれて、先住民の言語を使用した二言語教育が導入されるようになり、スペイン語と先住民言語の両方を話し、かつ教員養成の訓練を受けた先住民教師がそれを担うようになった。しかし、その二言語教育についても、結局のところ、先住民言語の利用があくまでもスペイン語化のための手段とされており、先住民言語の尊重につながるどころか、スペイン語が普及するにつれて先住民言語が劣ったものとみなされるようになるという批判が出されるようになる。1960年代までの二言語教育は、多様な言語や文化を認め、それぞれを対等な価値をもつものとして尊重するという意味での「多文化主義」とは異なる原理にもとづいていたのである。

1970年代になると、スペイン語化による「国民統合」という大きな方向性においてはかわらないが、その方法やスペイン語の位置づけなどにおいて先住民教育政策にも変化がみられるようになる。そして、先住民の言語だけではなく文化にも配慮した「二文化二言語教育」が導入されることになった。そうした教育政策の変化の背景には、それまで「救済」の手をまつ存在とされてきた先住民自身が、みずから声をあげるようになったことがひとつの要因としてあげられよう。1970年代なかばになると、二言語教師を中心とした先住民の団体が各地で組織されるようになり、全国規模の先住民会議が開催されるにいたる。そして、先住民がみずからの問題にかんする政策の決定や実施に、主体的に関与する参加型の先住民政策が提唱されるようになる（田中 2000:155-156）。たとえば、1979年にミチョアカン州オアステペック（Oaxtepec）で開催された第1回全国二文化二言語教育セミナーにおいて、国家主導の二文化二言語教育を批判して、先住民組織から「二文化二言語先住民教育」が提唱された。そのあらたな教育は、「固有の文化体系のなかにおいて人間と共同体がつくられ発展するために奉仕する」と定義され（ANPIBAC 1982:100-121）、さらに、「インディオたちが被ってきた経済的搾取、文化的支配、社会的抑圧にたいして闘うこと」が、国家主導の教育とは異なる「あらたな教育」の目的であるとされたのである（Pérez Pérez 2003:69）。

こうした変化は、一見すると先住民自身にとっては大きな前進のように思えるが、この点についてはさまざまな評価がある。たとえば、小林は、1975年に開催された全国先住民会議（Congreso Nacional de Pueblos

Indígenas）が当時の政権与党である制度的革命党の傘下にある全国農民連合（Confederación Nacional Campesina）の下部組織として組み込まれる可能性があること、発言力を強めてきた二言語教師が公教育省の要職に就くなど体制側に取り込まれたり、地方における抑圧的な支配層へと転化したりする危険性があることなどを指摘する（小林 1983b、1985）。また、ペレス＝ペレスが「メキシコ国家は、非政府運動を誘導することにけっして飽きることはなく、こうした理念（先住民主導の二文化二言語教育）をみずからのものとしてふたたび取り込むのである」（Pérez Pérez 2003:69）と述べるように、国家が先住民の提起する理念や方法などを取り入れて、国家の都合のいいように流用する可能性もあろう。

この点について、先住民組織の代表的指導者のひとりで、公教育省の要職にも就いたことのあるエルナンデス＝エルナンデスは、1988年に出された論考のなかで、国家と先住民組織の関係は非対称ではあるが、先住民組織は自主性を失うことなく国家と真の相互依存関係を築くべきであると述べた（Hernández Hernández 1988:176）。そして、それまでの先住民組織のおもな対話の相手は国家であり、その結果、先住民の要求の多くが政府諸機関の政策や活動計画の一部となったとし、こうした状況がどの程度、先住民組織に有利に働いたのかと自問自答する。

> 確かに、先住民組織は「怪物」、すなわちメキシコの社会政治システムに飲み込まれてしまった。（……）先住民の旗は、国家自身によって公的に「引き継がれた」のである（Hernández Hernández 1988:176）。

エルナンデス＝エルナンデスは、このようにそれまでの先住民運動の問題点を指摘し、先住民組織の要求が国家の公的言説の一部となり国家のプロジェクトに取り込まれていったことによって、先住民組織が弱体化したことを認める。先住民の指導者自身も認めるように、1970年代から活発化する先住民組織の活動も、制度的革命党による長期支配というメキシコ独特の政治文化のなかで「国家」という大きな壁に直面せざるをえなかった。しかしながら、一連の先住民組織の動きは、国家主導の先住民政策に変更を迫り、国家と先住民とのあらたな関係の構築に向けたひとつの力となったのも事実であろう[1)]。こうした力を生み出すことに貢献したのは、とりわけ先住民言語を話す二言語教師たちだったのである。

1920年代以降、さまざまな経緯をへて教職に就いた教師たちは、メキシコ各地の農村地域において住民とともに農村学校をつくってきた。そうした体験を積み重ねるなかで、教師たちは、農村住民のおかれている厳しい状況や地域内の複雑で多様な人間関係を知る。さらに、学校の建設や運営、勤務先の村における諸問題の解決にあたって、多くの住民とさまざまなかたちで関係を取り結んできた。そして、視学官をはじめ州や連邦政府の教育当局、あるいは必要に応じて教育関係以外の政府機関ともさまざまな交渉をしてきた。そうした多様な経験を蓄積してきた農村教師たちが地域を越えて集団を組織し、みずから主張をかかげ国家の政策にも影響を与えるようになる。20世紀前半のメキシコにおける農村教育は、こうした教師たちを鍛え上げる「公共空間」でもあったといえるのではないだろうか。

**注**

1) たとえば、松久 1982:310、Bertely Busquets 1998:86、田中 2000:154などを参照のこと。グティエレス＝チョングは、先住民知識人による運動の成果のひとつとして、メキシコが複数文化の国であることを唱った1992年の憲法改定をあげる（Gutiérrez Chong 2001:169）。また、こうしたメキシコの先住民運動は、1971年、1972年のバルバドス宣言をはじめ、ほかのラテンアメリカ諸国における先住民運動の影響を受けているとされる（Ramírez Castañeda 2006:167、Bertely Busquets 1998:86）。

# 史料および引用・参考文献一覧

[　]内は初出年

## 省略記号

CEE: Centro de Estudios Educativos
CIDE: Centro de Investigación y Docencia Económicas
CIESAS: Centro de Investigaciones y Estudios Superiores en Antropología Social
CNCA: Consejo Nacional para la Cultura y las Artes
FCE: Fondo de Cultura Económica
INEHRM: Instituto Nacional de Estudios Históricos de la Revolución Mexicana
INI: Instituto Nacional Indigenista
SEP: Secretaría de Educación Pública
SIPBA: Secretaría de Instrucción Pública y Bellas Artes
UNAM: Universidad Nacional Autónoma de México
UPN: Universidad Pedagógica Nacional

## 史料


AHSEP, DEPN: Archivo Histórico de la Secretaría de Educación Pública, Departamento de Enseñanza Primaria y Normal（公教育省歴史文書館、初等師範教育課）.

AHSEP, DERICI: Archivo Histórico de la Secretaría de Educación Pública, Departamento de Escuelas Rurales e Incorporación Cultural Indígena（公教育省歴史文書館、農村学校先住民文化統合課）.

AHSEP, DGEPDF: Archivo Histórico de la Secretaría de Educación Pública, Dirección General de Educación Primaria en el Distrito Federal（公教育省歴史文書館、連邦区初等教育総局）.

AHSEP, DGEPET: Archivo Histórico de la Secretaría de Educación Pública, Dirección General de Educación Primaria en los Estados y Territorios（公教育省歴史文書館、州直轄地初等教育総局）.

BSEP: *Boletín de la Secretaría de Educación Pública*, Tomo I, Núm.4, 1923（『公教育省公報』第1巻第4号）.

MCN: *Los maestros y la cultura nacional 1920-1952*, 5 Vo1s., México: SEP, 1987（『教師と国民文化 1920-1952』全5巻）.

*La Enseñanza Normal*, Año 1, Núm.1, México: Dirección General de la Enseñanza

Normal en el Distrito Federal, septiembre 15 de 1904（『師範教育』1年1号、連邦区師範教育総局、1904年9月15日）.

**外国語文献**

Acevedo Rodrigo, Ariadna
2001 "The Cultivated Peasant and the Rustic Teacher: Schooling Cultures in Rural Mexico, 1920-1930", *History of Education Society Bulletin*, No.68, pp.90-103.
2004 "Struggles for Citizenship? Peasant Negotiation of Schooling in the Sierra Norte de Puebla, Mexico, 1921-1933", *Bulletin of Latin American Research*, Vol.23, No.2, pp.181-197.
Aguirre Beltrán, Gonzalo
1992 *Obra antropológica X: teoría y práctica de la educación indígena*, México: FCE [1973].
Aguirre Beltrán, Gonzalo y Ricardo Pozas A.
1973 *La política indigenista en México: métodos y resultados*, México: INI [1954].
Alianza Nacional de Profesionales Indígenas Bilingües, A.C. (ANPIBAC)
1982 "El proyecto educativo de los grupos étnicos mexicanos", *Educación*, No.39, México: Consejo Nacional Técnico de la Educación, pp.100-121.
Almada, Francisco R.
1967 "La reforma educativa a partir de 1812", *Historia Mexicana* 65, Vol.XVII, Núm.1, México: El Colegio de México, pp.103-125.
Anderson, Benedict
1983 *Imagined Communities: Reflections on the Origin and Spread of Nationalism*, London: Verso（白石隆・白石さや訳『想像の共同体―ナショナリズムと起源と流行』リブロポート、1994 [1987]）.
Arnaut Salgado, Alberto
1996 *Historia de una profesión: los maestros de educación primaria en México 1887-1994*, México: CIDE.
1998 *La federalización educativa en México: historia del debate sobre la centralización y la descentralización educativa (1889-1994)*, México: El Colegio de México/CIDE.
Bar-Lewaw Mulstock, Itzhak
1965 *José Vasconcelos: vida y obra*, México: Clásica Selecta Editora Librera.
Barbosa Heldt, Antonio

1978 *Cien años en la educación de México*, México: Editorial Pax-México [1972].

Basave Benítez, Agustín

1992 *México mestizo: análisis del nacionalismo mexicano en torno a la mestizofilia de Andrés Molina Enriquez*, México: FCE.

Bazant, Mílada

1993 *Historia de la educación durante el porfiriato*, México: El Colegio de México.

Becker, Marjorie

1995 *Setting the Virgin on Fire: Lázaro Cárdenas, Michoacán Peasants, and the Redemption of the Mexican Revolution*, Berkeley/Los Angeles: University of California Press.

Bertely Busquets, María

1998 "Educación indígena del siglo XX en México", en Latapí Sarre, Pablo (coord.), *Un siglo de educación en México* II, México: CNCA/FCE, pp.74-110.

Blanco, José Joaquín

1977 *Se llamaba Vasconcelos: una evocación crítica*, México: FCE.

1983 "El proyecto educativo de José Vasconcelos como programa político", en Pacheco, José Emilio et al., *En torno a la cultura nacional*, México: SEP, pp.84-92 [1976].

Bolaños Martínez, Raúl

1981 "Orígenes de la educación pública en México", en Solana et al. (coords.), pp.11-40.

Brice Heath, Shirley

1997 *La política del lenguaje en México: de la colonia a la nación*, México: INI [1970].

Britton, John A.

1972 "Moisés Sáenz: nacionalista mexicano", *Historia Mexicana* 85, Vol.XXII, Núm. 1, México: El Colegio de México, pp.77-97.

Campos de García, Margarita

1973 *Escuelas y comunidad en Tepetlaoxtoc*, México: SEP.

Cárdenas, Lázaro

1978 *Palabras y documentos públicos de Lázaro Cárdenas: informes de gobierno y mensajes presidenciales del año nuevo de 1928-1970*, Vol.2, México: Siglo XXI.

Cárdenas Noriega, Joaquín

1982 *José Vasconcelos 1882-1982: educador político y profeta*, México: Ediciones

Oceano.
Castillo, Isidro
1965 *México y su revolución educativa*, México: Academia Mexicana de la Educación/Editorial Pax-México/Librería Carlos Cesarman.
1968 *Indigenistas de México,* México: SEP.
Civera Cerecedo, Alicia
1997 *Entre surcos y letras: educación para campesinos en los años treinta*, Zinacantepec: El Colegio Mexiquense/INEHRM.
2008 *La escuela como opción de vida: la formación de maestros normalistas rurales en México, 1921-1945*, Zinacantepec: El Colegio Mexiquense.
Civera, Alicia, Carlos Escalante y Luz Elena Galván (coords.)
2002 *Debates y desafíos en la historia de la educación en México*, Zinacantepec: El Colegio Mexiquense/Instituto Superior de Ciencias de la Educación del Estado de México.
Cockcroft, James D.
1967 "El maestro de primaria en la Revolución Mexicana", *Historia Mexicana* 64, Vol.XVI, Núm.4, México: El Colegio de México, pp.565-587.
Corona Morfín, Enrique
1947 *Razón de ser de las misiones culturales de la Secretaría de Educación Pública*, México: SEP.
Curiel Méndez, Martha Eugenia
1981 "La educación normal", en Solana et al.(coords.), pp.426-462.
Dawson, Alexander S.
2004 *Indian and Nation in Revolutionary Mexico*, Tucson: The University of Arizona Press.
Dewey, John
1929 *Impressions of Soviet Russia and the Revolutionary World: Mexico - China - Turkey*, New York: New Republic, INC.
Dueñas Montes, Francisco,
1985 *Historia de la escuela normal en el Distrito y en el Territorio Norte de la Baja California (1878-1947)*, Mexicali: Instituto de Investigaciones Históricas de Estado de Baja California.
Fell, Claude
1989 *José Vasconcelos: los años del águila (1920-1925): educación, cultura e iberoamericanismo en el México postrevolucionario*, México: UNAM.
Florescano, Enrique

1993 "Creación del Museo Nacional de Antropología y sus fines científicos, educativos y políticos", en Florescano, Enrique (comp.), *El patrimonio cultural de México*, México: FCE, pp.145-163.

Franco, Jean

1967 *The Modern Culture of Latin America: Society and the Artist*, London: Pall Mall Press（吉田秀太郎訳『ラテン・アメリカ—文化と文学』新世界社、1974）.

Fuentes, Carlos

1972 *Tiempo mexicano*, México: Editorial Joaquín Mortiz [1971]（西澤龍生訳『メヒコの時間—革命と新大陸』新泉社、1975）.

Gálvez, José

1923 *Proyecto para la organización de las Misiones Federales de Educación*, México: Imprenta de la Cámara de Diptados.

Gamio, Manuel

1916 *Forjando patria: pro nacionalismo*, México: Librería de Porrúa Hermanos.

1926 *Aspects of Mexican Civilization* (Lectures on the Harris Foundation with José Vasconcelos), Chicago: The University of Chicago Press.

1935 *Hacia un nuevo México: problemas sociales*, México（出版社不明）.

1951 "La reconstrucción histórica", *Historia Mexicana* 2, Vol.1, Núm.2, México: El Colegio de México, pp.165-172.

1972 *Arqueología e indigenismo*, introducción y selección de Eduardo Matos Moctezuma, México: SEP.

1975 *Antología*, Estudio preliminar, selección y notas por Juan Comas, México: UNAM.

García Canclini, Néstor

1990 *Culturas híbridas: estrategias para entrar y salir de la modernidad*, México: Editorial Grijalbo [1989].

Gómez Navas, Leonardo

1981 "La revolución mexicana y la educación popular", en Solana et. al. (coords.), pp.116-156.

Gonzalbo Aizpuru, Pilar (coord.)

1998 *Historia y nación I: historia de la educación y enseñanza de la historia*, México: El Colegio de México.

González Gamio, Ángeles

1987 *Manuel Gamio: una lucha sin final*, México: UNAM.

Gutiérrez Chong, Natividad

2001 *Mitos nacionalistas e identidades étnicas: los intelectuales indígenas y el Estado mexicano*, México: CNCA/UNAM/Plaza y Valdés.

Haddox, John H.

1967 *Vasconcelos of Mexico: Philosopher and Prophet*, Austin: University of Texas Press.

Hernández Hernández, Natalio

1988 "Las organizaciones indígenas: ¿autonomía o depenedencia?", en INI, pp.166-180.

Hernández Luna, Juan (recopi.)

1962 *Conferencias del Ateneo de la Juventud*, México: UNAM.

Instituto Nacional de Estadística, Geografía e Informática(INEGI)

1990 *Estadísticas históricas de México*, Tomo I (2. Educación), México: INEGI [1985].

Instituto Nacional Indigenista (INI)

1978 *México Indígena: INI 30 años después, revisión crítica*, México: INI.

1988 *Instituto Nacional Indigenista 40 años*, México: INI.

Jiménez Alarcón, Concepción (coord.)

1979 *Historia de la Escuela Nacional de Maestros Vol.I 1887-1940*, México: SEP /INI.

King, Linda

1994 *Roots of Identity: Language and Literacy in Mexico*, Stanford: Stanford University Press.

Knight, Alan

1992 "Racism, Revolution, and Indigenismo: Mexico, 1910-1940", in Graham, Richard, *The Idea of Race in Latin America, 1870-1940*, Austin: University of Texas Press [1990], pp.71-113.

Krauze, Enrique

1985 *Caudillos culturales en la Revolución Mexicana*, México: Siglo XXI [1976].

Larroyo, Francisco

1986 *Historia comparada de la educación en México*, México: Editorial Porrúa [1947].

Levinson, Bradley A., et al., (eds.)

1996 *The Cultural Production of the Educated Person: Critical Ethnographies of Schooling and Local Practice*, Albany: State University of New York Press.

Llinás Álvarez, Edgar

1978 *Revolución, educación y mexicanidad: la búsqueda de la identidad nacional en el pensamiento educativo mexicano*, México: UNAM.

López, Oresta

2001 *Alfabeto y enseñanzas domésticas: el arte de ser maestra rural en el Valle del Mezquital*, México: CIESAS/Consejo Estatal para la Cultura y las Artes de Hidalgo.

López-Yáñez Blancarte, David

1979 "La escuela normal para profesores de instrucción primaria 1887-1924", en Jiménez Alarcón (coord.), pp.25-48.

Loyo Bravo, Engracia

1985 *La Casa del Pueblo y el maestro rural mexicano*, México: Ediciones El Caballito/SEP.

1996 "La empresa redentora: la Casa del Estudiante Indígena", *Historia Mexicana* 181, Vol.XLVI, Núm.1, México: El Colegio de México, pp.99-131.

1998 "Los mecanismos de la 'federalización' educativa, 1921-1940", en Gonzalbo Aizpuru (coord.), pp.113-135.

1999 *Gobiernos revolucionarios y educación popular en México, 1911-1928*, México: El Colegio de México.

2004 "¿Escuela o empresa? Las centrales agrícolas y las regionales campesinas (1926-1934), *Mexican Studies/Estudios Mexicanos*, Vol.20, No.1, Berkeley: University of California Press, pp.69-98.

2006 "En el aula y la parcela: vida escolar en el medio rural (1921-1940)", en Reyes, Aurelio de los (coord.), *Historia de la vida cotidiana en México V: Siglo XX. Campo y ciudad*, Vol.1, México: FCE, pp.273-312.

Martínez Assad, Carlos

1984 *El laboratorio de la revolución: el Tabasco garridista*, México: Siglo XXI [1979].

Martínez Moctezuma, Lucía y Antonio Padilla Arroyo (coords.)

2006 *Miradas a la historia regional de la educación*, México: Universidad Autónoma del Estado de Morelos/Miguel Ángel Porrúa.

Matute, Álvaro

1981 "La política educativa de José Vasconcelos", en Solana et al.(coords.), pp.166-182.

Mejía Zúñiga, Raúl

1976 *Moisés Sáenz: educador de México*, México: Federación Editorial Mexicana [1962].

Meneses Morales, Ernesto
1986 *Tendencias educativas oficiales en México 1911-1934*, México: CEE.
1988 *Tendencias educativas oficiales en México 1934-1964*, México: CEE/Universidad Iberoamericana.
Mercado, Ruth
1992 "La escuela en la memoria histórica local: una construcción colectiva", *Nueva Antropología*, Vol.XII, Núm.42, México: Consejo Nacional de Ciencia y Tecnología/Universidad Autónoma Metropolitana-Ixtapalapa, pp.73-87.
1999 "Procesos de negociación local para la operación de las escuelas", en Rockwell (coord.), pp.58-87.
Michaels, Albert L.
1966 "El nacionalismo conservador mexicano desde la Revolución hasta 1940", *Historia Mexicana* 62, Vol.XVI, Núm.2, México: El Colegio de México, pp.213-238.
Millán, María del Carmen
1961 "La generación del Ateneo y el ensayo mexicano", *Nueva Revista de Filología Hispánica*, Vol.15, Núm.3-4, México: El Colegio de México, pp.625-636.
Monroy Huitrón, Guadalupe
1985 *Política educativa de la Revolución 1910-1940*, México: SEP [1975].
Mora Forero, Jorge
1979 "Los maestros y la práctica de la educación socialista", *Historia Mexicana* 113, Vol.XXIX, Núm.1, México: El Colegio de México, pp.133-162.
Ornelas, Carlos
1995 *El sistema educativo mexicano: la transición de fin de siglo*, México: Nacional Financiera/CIDE/FCE.
Palacios, Guillermo
1999 *La pluma y el arado: los intelectuales pedagogos y la construcción sociocultural del "problema campesino" en México, 1932-1934*, México: El Colegio de México.
Palavicini, Felix F.
1937 *Mi vida revolucionaria*, México: Ediciones Botas.
Pani, Alberto J.
1918 *Una encuesta sobre educación popular*, México: Poder Ejecutivo Federal.

Pardo, María del Carmen (coord.)

1999 *Federalización e innovación educativa en México*, México: El Colegio de México.

Paz, Octavio

1992 *El laberinto de la soledad*, México: FCE [1950]（高山智博・熊谷明子訳『孤独の迷宮―メキシコの文化と歴史』法政大学出版局、1982）.

Pérez Montfort, Ricardo

1994 "Indigenismo, hispanismo y panamericanismo en la cultura popular mexicana de 1920 a 1940", en Blancarte, Roberto (comp.), *Cultura e identidad nacional*, México: CNCA/FCE, pp.343-383.

Pérez Pérez, Elías,

2003 *La crisis de la educación indígena en área tzotil: Los Altos de Chiapas*, México: UPN/Miguel Ángel Porrúa.

Posada, Germán

1963 "La idea de América en Vasconcelos", *Historia Mexicana* 47, Vol.XII, Núm.3, México: El Colegio de México, pp.379-403.

Quirarte, Martín

1970 *Gabino Barreda, Justo Sierra y el Ateneo de la Juventud*, México: UNAM.

Raby, David L.

1973 "Los principios de la educación rural en México: el caso de Michoacán, 1915-1929", *Historia Mexicana* 88, Vol.XXII, Núm.4, México: El Colegio de México, pp.190-226.

Ramírez, Rafael

1976 *La escuela rural mexicana*, México: SEP.

Ramírez Camacho, Beatriz

1979 "Primeros intentos para la formación de maestros en el país", en Jiménez Alarcón (coord.), pp.13-23.

Ramírez Castañeda, Elisa

2006 *La educación indígena en México*, México: UNAM.

Ramos, Samuel

1990 "El perfil del hombre y la cultura en México", en *Obras completas* I, México: UNAM [1934]（山田睦男訳『メキシコ人とは何か―メキシコ人の情熱の解明』新世界社、1980）.

Robles, Martha

1989 *Entre el poder y las letras: Vasconcelos en sus memorias*, México: FCE.

Rockwell, Elsie

1994 "Schools of the Revolution: Enacting and Contesting State Forms in Tlaxcala, 1910-1930", in Joseph, Gilbert M., et. al. (eds.), *Everyday Forms of State Formation: Revolution and Negotiation of Rule in Modern Mexico*, Durham: Duke University Press, pp.170-208.

1996 "Keys to Appropriation: Rural Schooling in Mexico", in Levinson et al., (eds.), pp.301-324.

2007 *Hacer escuela, hacer estado: la educación posrevolucionaria vista desde Tlaxcala*, Zamora: El Colegio de Michoacán/CIESAS/Centro de Investigación y de Estudios Avanzados del Instituto Politécnico Nacional.

Rockwell, Elsie (coord.)

1999 *La escuela cotidiana*, México: FCE [1995].

Ruiz, Ramón Eduardo

1977 *México 1920-1958: el reto de la pobreza y del analfabetismo*, México: FCE (*Mexico: The Challenge of Poverty and Illiteracy*, San Marino: Henry E. Huntington Library, 1963).

Sáenz, Moisés

1926 *Some Mexican Problems*, Chicago: The University of Chicago Press.

1927 *Escuelas federales en la Sierra de Puebla: informe sobre la visita a las escuelas federales en la Sierra de Puebla realizada por el C. subsecretario de Educación, Profesor Moisés Sáenz*, México: SEP.

1928 "Sumario crítico", en SEP 1928a, pp.XI-XXXVI.

1966 *Carapan, bosquejo de una experiencia*, Morelia: Gobierno del Estado de Michoacán [1936].

1970 *Antología de Moisés Sáenz*, prólogo y selección de Gonzalo Aguirre Beltrán, México: Ediciones Oasis.

1982 *México íntegro*, México: SEP [1939].

Said, Edward W.

1994 *Orientalism*, New York: Vintage Books [1978]（板垣雄三・杉田英明監修・今沢紀子訳『オリエンタリズム』平凡社、1991 [1986]).

Schell, Patience A.

2003 *Church and State Education in Revolutionary Mexico City*, Tucson: The University of Arizona Press.

Schmidt, Henry C.

1978 *The Roots of Lo Mexicano: Self and Society in Mexican Thought, 1900-1934*, Texas: Texas A & M University Press.

Schoenhals, Louise

1964 "Mexico Experiments in Rural and Primary Education: 1921-1930", *The Hispanic American Historical Review*, Vol.66, No.1, Durham: Duke University Press, pp.22-43.

Secretaría de Educación Pública (SEP)

1926 *La educación pública en México*, México: Talleres Gráficos de la Nación.

1927a *El sistema de escuelas rurales en México*, México: Talleres Gráficos de la Nación.

1927b *La Casa de Estudiante Indígena: 16 meses de labor en un experimento psicológico colectivo con indios*, México: Talleres Gráficos de la Nación.

1928a *El esfuerzo educativo en México (1924-1928)* I, México: Talleres Gráficos de la Nación.

1928b *Las misiones culturales en 1927: las Escuelas Normales Rurales*, México: Talleres Gráficos de la Nación.

1940 *Plan de estudios, programas, reglamentos y disposiciones técnicas y administrativas dictadas en los años 1939-1940, para las Escuelas Regionales Campesinas del Departamento de Enseñanza Agrícola y Normal Rural*, México: SEP.

Secretaría de Instrucción Pública y Bellas Artes (SIPBA)

1912 *Congreso Nacional de Educación Primaria reunido en la capital de la República en el mes del Centenario*, Tomo I, II, III, México: SIPBA.

1914 *Leyes y reglamentos expedidos por la Secretaría de Instrucción Pública y Bellas Artes: de enero a junio de 1914*, México: Imprenta de Museo Nacional de Arqueología, Historia y Etnología.

Sierra, Augusto Santiago

1973 *Las misiones culturales (1923-1973)*, México: SEP.

Sierra, Justo

1984 *Obras completas VIII: la educación nacional (artículos, actuaciones y documentos)*, México: UNAM.

Simpson, Lesley B.

1966 *Many Mexicos*, Berkeley: University of California Press [1941].

Solana, Fernando et al. (coords.)

1981 *Historia de la educación pública en México*, México: SEP/FCE.

Sotelo Arévalo, Salvador

1996 *Historia de mi vida: autobiografía y memorias de un maestro rural en México, 1904-1965*, México: INEHRM.

Stepan, Nancy Leys

1991 *The Hour of Eugenics: Race, Gender, and Nation in Latin America*, Ithaca: Cornell University Press.

Taracena, Alfonso

1982 *José Vasconcelos*, México: Editorial Porrúa.

Vasconcelos, José

1907 "Teoría dinámica del derecho", en *Obras completas* I, pp.13-35.

1910 "Don Gabino Barreda y las ideas contemporáneas", en *Obras completas* I, pp.37-56.

1916 "El movimiento intelectual contemporáneo de Méxcio", en *Obras completas* I, pp.57-78.

1920 "El proyecto de ley para la creación de una Secretaría de Educación Pública Federal", en *Diario de los debates de la Cámara de Diputados de los Estados Unidos Mexicanos*, Año I, Período Ordinario, XXIX Legislatura, Tomo I, Núm. 9.

1922 "Conferencia leída en el Continental Memorial Hall de Washington", en *Obra completas* II, pp.857-874.

1926a *Aspects of Mexican Civilization* (Lectures on the Harris Foundation with Manuel Gamio), Chicago: The University of Chicago Press.

1926b *Indología: una interpretación de la cultura ibero-americana*, París: Agencia Mundial de Librería.

1935a *Ulises criollo: la vida del autor escrita por él mismo*, México: Ediciones Botas (3a. ed.).

1935b *De Robinsón a Odiseo: pedagogía estructurativa*, en *Obras comlpetas* II, pp.1495-1719.

1936 *La tormenta: segunda parte de Ulises criollo*, México: Ediciones Botas (3a. ed.).

1944 *Breve historia de México*, México: Ediciones Botas [1937].

1946 *El Proconsulado: cuarta parte de Ulises criollo*, México: Ediciones Botas [1939].

1950 *Discurso: 1920-1950*, México: Ediciones Botas.

1951 *El desastre: tercera parte de Ulises criollo*, México: Ediciones Botas [1938].

1957 *Obras completas* I, México: Libreros Mexicanos Unidos.

1958 *Obras completas* II, México: Libreros Mexicanos Unidos.

1981 *Antología de textos sobre educación*, introducción y selección de Silvia Molina, México: SEP.

1990 *La raza cósmica: misión de la raza iberoamericana, Argentina y Brasil*, México: Espasa-Calpe Mexicana [1925]（高橋均訳「宇宙的人種」『現代思想』臨時増刊「総特集ラテンアメリカ—増殖するモニュメント」Vol.16-10、青土社、1988、pp.106-121）.

Vaughan, Mary Kay

1982 *The State, Education, and Social Class in Mexico, 1880-1928*, Dekalb: Northern Illinois University Press.

1994 "The Construction of the Patriotic Festival in Tecamachalco, Puebla, 1900-1946", in Beezley, William H. et al. (eds.), *Rituals of Rule, Rituals of Resistance: Public Celebrations and Popular Culture in Mexico*, Wilmington: Scholarly Resources, pp.213-245.

1997 *Cultural Politics in Revolution: Teachers, Peasants, and Schools in Mexico, 1930-1940*, Tucson: The University of Arizon Press.

Vázquez, Josefina Zoriada

1979 *Nacionalismo y educación en México*, México: El Colegio de México [1970].

1999 "Un siglo de descentralización educativa, 1821-1917", en Pardo, pp.33-48.

Vázquez Santa Ana, Higinio

1923 *Segundo Congreso Nacional de Maestros reunido en la Capital de la República en los días del 15 al 28 del mes de diciembre de 1920*, Querétaro: Talleres Tipográficos del Gobiernno.

Villoro, Luis

1984 *Los grandes momentos del indigenismo en México*, México: Ediciones de la Casa Chata [1950].

Zilli, Juan

1961 *Historia de la Escuela Normal Veracruzana*, Jalapa: Editorial Citlaltépetl.

**邦語文献**

青木利夫

1993 「メキシコ公教育大臣ホセ・バスコンセロスの『混血化の思想』とその苦悩」一橋大学〈教育と社会〉研究会『〈教育と社会〉研究』第3号、37-41頁。

1995a 「メキシコにおける『混血』イメージ—ホセ・バスコンセロスの『混血』思想の形成過程」上智大学イベロアメリカ研究所『イベロアメリカ研

究』第XVI巻第2号、61-74頁。
1995b「メキシコ教育大臣ホセ・バスコンセロスの『精神教育』―教育と社会の関連をめぐって」一橋大学『一橋論叢』第114巻第2号、日本評論社、319-333頁。
1996a「『多文化教育』における『文化』概念の一考察―『メキシコ文化の創出』を例に」『地域社会の国際化』一橋大学社会学部文部省特定研究報告書、198-203頁。
1996b「『メキシコなるもの』の創出―マヌエル・ガミオの人類学をめぐって」日本ラテンアメリカ学会『ラテンアメリカ研究年報』No.16、192-216頁。
1998　「メキシコにおけるナショナリズムと〈インディオ〉―20世紀前半の〈インディオ〉統合教育をめぐって」中内敏夫・関啓子・太田素子編、261-280頁。
1999　「メキシコにおける農村改良運動と〈国民形成〉―1920年代の農村学校と『文化ミッション』を中心に」『人間文化研究』(広島大学総合科学部紀要Ⅲ)第8巻、1-30頁。
2001a「新たな社会空間としての農村学校―20世紀前半のメキシコにおける農村教師をめぐって」『地域文化研究』(広島大学総合科学部紀要Ⅰ)第27巻、35-61頁。
2001b「メキシコにおけるナショナリズムと農村教育に関する史的研究」文部省科学研究費補助金研究成果報告書。
2002　「メキシコにおける二言語教育と住民の教育要求」『地域文化研究』(広島大学総合科学部紀要Ⅰ)第28巻、71-90頁。
2003　「学校をめぐる住民と国家の関係史―メキシコの教育普及過程における住民の教育要求」『地域文化研究』(広島大学総合科学部紀要Ⅰ)第29巻、97-123頁。
2006a「共同体における農村教師と住民―20世紀前半のメキシコ農村教師の証言」松塚俊三・安原義仁編、43-63頁。
2006b「メキシコにおける住民の教育要求と教育政策の転換に関する研究」文部科学省科学研究費補助金研究成果報告書。
2007　「メキシコ教育省の再建と教育の『連邦化』」牛田千鶴編『ラテンアメリカの教育改革』行路社、31-46頁。
2008　「メキシコにおける多文化主義と教育―1970年代の先住民教育・農村教育を中心に」『文明科学研究』(広島大学大学院総合科学研究科紀要Ⅲ)第3巻、1-18頁。
2009　「メキシコにおける二言語・文化間教育の導入をめぐる一考察」『文明科学研究』(広島大学大学院総合科学研究科紀要Ⅲ)第4巻、1-16頁。

2010 「メキシコにおける農村教師養成の歴史にかんする一考察」『文明科学研究』(広島大学大学院総合科学研究科紀要Ⅲ) 第5巻、21-34頁。
2014 「闘う地域の変革者としての農村教師―20世紀前半のメキシコにおける教師の記録」槇原茂編『個人の語りがひらく歴史―ナラティヴ/エゴ・ドキュメント/シティズンシップ』ミネルヴァ書房、125-162頁。

飯島みどり
1993 「『国家』に変容を迫るインディオたち」歴史学研究会編『統合と自立』青木書店、216-238頁。

石井　章
2008 『ラテンアメリカ農地改革論』学術出版会。

今福龍太
1991 『クレオール主義―The Heterology of Culture』青土社。

大久保教宏
2005 『プロテスタンティズムとメキシコ革命―市民宗教からインディヘニスモへ』新教出版社。

大貫良夫
1984 「メスティソの誕生」大貫良夫編『民族交錯のアメリカ大陸』山川出版社、305-333頁。

大橋洋一
1995 「マッピング・サイード―その方法と批評」『現代思想』Vol.23-03、青土社、133-144頁。

大村香苗
2007 『革命期メキシコ・文化概念の生成―ガミオ-ボアズ往復書簡の研究』新評論。

小熊英二
1995 『単一民族神話の起源―〈日本人〉の自画像の系譜』新曜社。

落合一泰
1988a 『ラテンアメリカン・エスノグラフィティ』弘文社。
1988b 「ラテンアメリカのモニュメント、モニュメントとしてのラテンアメリカ」『現代思想』Vol.16-10、青土社、8-30頁。
1993 「『アメリカ』の発明―ヨーロッパにおけるその視覚イメージをめぐって」日本ラテンアメリカ学会『ラテンアメリカ研究年報』No.13、1-40頁。
1996 「文化的性差、先住民文明、ディスタンクシオン―近代メキシコにおける文化的自画像の生産と消費」日本民族学会『民族學研究』61/1、52-80頁。

1997 「〈征服〉から〈インターネット戦争〉へ―サパティスタ蜂起の歴史的背景と現代的意味」中林伸浩編『紛争と運動』岩波書店、137-167頁。
1998 「啓蒙主義と誘惑の拘束―〈理想都市〉メキシコシティの建設」川田順造ほか編『開発と民族問題』岩波書店、207-234頁。
1998 「〈メキシコ的なるもの〉の視覚化とその背後」一橋大学『一橋論叢』第120巻第4号、日本評論社、516-537頁。

加藤　薫
1988 『メキシコ壁画運動―リベラ、オロスコ、シケイロス』平凡社。

木村　元
2012 「教育制度の社会史研究にむけて」木村元編『日本の学校受容―教育制度の社会史』勁草書房、1-23頁。

国本伊代
2002 『メキシコの歴史』新評論。
2009 『メキシコ革命とカトリック教会―近代国家形成過程における国家と宗教の対立と宥和』中央大学出版部。

黒田悦子
1994 「メスティーソ化と先住民社会―メキシコの場合」黒田悦子編『民族の出会うかたち』朝日新聞社、39-60頁。

後藤雄介
1996 「ペルー・インディヘニスモ再考―『メスティサヘ』の視点から」日本ラテンアメリカ学会『ラテンアメリカ研究年報』No.16、34-54頁。

小林致広
1982 「メヒコのインディヘニスモと言語政策（その1）」神戸市外国語大学『神戸外大論叢』第33巻5号、77-95頁。
1983a 「メヒコのインディヘニスモと言語政策（その2）」神戸市外国語大学『神戸外大論叢』第34巻1号、79-98頁。
1983b 「メキシコのネオ・インディヘニスモ」日本ラテンアメリカ学会『ラテンアメリカ研究年報』No.3、106-127頁。
1985 「メヒコのインディヘニスモと言語政策（その3）」神戸市外国語大学『神戸外大論叢』第35巻6号、51-68頁。

酒井直樹
1996 『死産される日本語・日本人―「日本」の歴史-地政的配置』新曜社。

清水　透
1988 『エル・チチョンの怒り―メキシコにおける近代とアイデンティティ』東京大学出版会。
1992 「『発見』―その世界史的意味をさぐる」歴史学研究会編『「他者」との

遭遇』青木書店、3-15頁。
1995 「コロンブスと近代」歴史学研究会編『世界史とは何か―多元的世界の接触の転機』東京大学出版会、175-201頁。

鈴木　茂
1993 「『人種デモクラシー』とブラジル社会」中嶋嶺雄・清水透編『転換期としての現代世界―地域から何が見えるか』国際書院、261-281頁。
1999 「語りはじめた『人種』―ラテンアメリカ社会と人種概念」清水透編『〈南〉から見た世界5ラテンアメリカ　統合圧力と拡散のエネルギー』大月書店、39-66頁。

関　啓子
1994 『クループスカヤの思想史的研究―ソヴェト教育学と民衆の生活世界』新読書社。
2012 『コーカサスと中央アジアの人間形成―発達文化の比較教育研究』明石書店。

高山智博
1973 「メキシコ文化の形成―混血の論理」『思想』No.588、岩波書店、63-75頁。
1976 「インディオとインディヘニスモ―メキシコの土着民問題をめぐって」『思想』No.619、岩波書店、77-93頁。
1984 「メキシコ―もう一つの歴史」大貫良夫編『民族交錯のアメリカ大陸』山川出版社、123-146頁。

田中敬一
2000 「1970年代メキシコの先住民政策の転換」愛知県立大学外国語学部『紀要』第32号（言語・文学編）、147-163頁。
2001 「1920年代メキシコに見る国民文化の創造」愛知県立大学外国語学部『紀要』第33号（言語・文学編）、299-316頁。
2002 「バスコンセロスの思想と先住民的なもの―教育・文化政策を通して」愛知県立大学外国語学部『紀要』第34号（言語・文学編）、177-194頁。

辻内鏡人
1994 「多文化主義の思想的文脈―現代アメリカの政治文化」『思想』No.843、岩波書店、43-66頁。
1995 「脱〈人種〉言説のアポリア」『思想』No.854、岩波書店、63-82頁。
1996 「批評理論としての多文化主義」『地域社会と国際化』一橋大学社会学部文部省特定研究報告書、45-58頁。

トドロフ、ツヴェタン
1988 「『人種』・エクリチュール・文化」『現代思想』Vol.16-14、青土社、

79-89頁（永井ゆかり訳、Todorov, Tzvetan, “ ‘Race’, Writing, and Culture” in Gates Jr., Henry Louis et al. (eds.), *“Race”, Writing, and Difference*, Chicago: The University of Chicago Press, 1986）。
中内敏夫
1985 『日本教育のナショナリズム』第三文明社。
1989 『教育学第一歩』岩波書店 [1988]。
1992 『改訂増補　新しい教育史―制度史から社会史への試み』新評論 [1987]。
2000 『中内敏夫著作集Ⅶ　民衆宗教と教員文化』藤原書店。
中内敏夫・関啓子・太田素子編
1998 『人間形成の全体史―比較発達社会史への道』大月書店。
西川長夫
1995 『地球時代の民族＝文化理論―脱「国民文化」のために』新曜社。
橋本伸也
2007 「歴史のなかの教育と社会―教育社会史研究の到達と課題」歴史学研究会『歴史学研究』No.830、1-11, 43頁。
2010 『帝国・身分・学校―帝政期ロシアにおける教育の社会文化史』名古屋大学出版会。
広田照幸
2001 『教育言説の歴史社会学』名古屋大学出版会。
ファーヴル、アンリ
2002 『インディヘニスモ―ラテンアメリカ先住民擁護運動の歴史』白水社、（染田秀藤訳、Favre, Henri, *L’Indigénisme*, Paris: Presses Universitaires de France, 1996）。
北條ゆかり
2006 「メキシコにおける先住民のための開発政策の変遷―INIからCDIへ」滋賀大学経済学部『滋賀大学経済学部研究年報』Vol.13、37-58頁。
ポサス、リカルド・清水　透
1984 『コーラを聖なる水に変えた人々―メキシコ・インディオの証言』現代企画室。
松下マルタ
1993 「社会ダーウィニズムからインディヘニスモに向けて―ラテンアメリカ思想史における人種問題の位相」歴史学研究会編『19世紀民衆の世界』青木書店、55-73頁。
松塚俊三・安原義仁編
2006 『国家・共同体・教師の戦略―教師の比較社会史』昭和堂。
松久玲子

1982 「メキシコにおける二重言語・文化教育の動向」『京都大学教育学部紀要』XXVIII、301-311頁。
1985 「メキシコにおけるインディヘナス統合教育―二言語教育を中心として」小林哲也・江淵一公編『多文化教育の比較研究―教育における文化的同化と多様化』九州大学出版会、207-230頁。
1987 「メキシコにおける教育従属の一形態」小林哲也・江原武一編『国際化社会の教育課題―比較教育学的アプローチ』行路社、169-189頁。
2007 「エレナ・トーレス―メキシコ革命期のフェミニスト教育家の軌跡」同志社大学言語文化学会『言語文化研究』第10巻第1号、121-140頁。
2009 「メキシコの国家再建期におけるフェミニズムと女子教育―エレナ・トーレスの女子教育観を中心に」日本ラテンアメリカ学会『ラテンアメリカ研究年報』No.29、1-29頁。
2012 『メキシコ近代公教育におけるジェンダー・ポリティクス』行路社。

皆川卓三
1975 『ラテンアメリカ教育史I』講談社。
1976 『ラテンアメリカ教育史II』講談社。

柳原孝敦
1994 「アルファンソ・レイェスのアメリカ論」日本ラテンアメリカ学会『ラテンアメリカ研究年報』No.14、117-143頁。
1995 「メキシコのウェルギリウス／ウェルギリウスのメキシコ―アルフォンソ・レイェスの文化論」上智大学イベロアメリカ研究所『イベロアメリカ研究』第XVI巻 第2号、47-60頁。
2007 『ラテンアメリカ主義のレトリック』エディマン。

吉見俊哉
1993 「運動会という近代―祝祭の政治学」『現代思想』Vol.21-7、青土社、55-73頁。

米村明夫
1986 『メキシコの教育発展―近代化への挑戦と苦悩』アジア経済研究所。

# 資　料

## 資料1. メキシコ合州国憲法第3条

| 1917 | 1934 | 1946 | 1980 | 1992 | 1993 |
|---|---|---|---|---|---|
| 教育は自由である。しかし、教育の公立機関において与えられる教育は世俗である。私立の機関において付与される初等、基礎、高等教育も同様である。<br><br>いずれの宗教団体もなんらかの信仰をもつ聖職者も初等教育の学校を設置、または指導することはできない。<br><br>私立の初等学校は、公的な監視にしたがうかぎりにおいて、設置されることができる。<br><br>公立の機関においては、初等教育は無償 | 国家が授ける教育は社会主義である。あらゆる宗教的教義を排除するのに加え、狂信主義や偏見と闘うものであり、そのため、学校は、若者に森羅万象および社会生活の正確で合理的な概念を創造することのできる教育と活動を組織する。<br><br>国家―連邦、州、市―のみが、初等、中等、師範教育を付与する。前述の3段階いずれにおいても、いかなる場合も以下の規定にしたがって教育を付与したいと望む私人には、認可が与えられる。 | 国家―連邦、州、市―の付与する教育は、人間のあらゆる能力を調和的に発達させる傾向があると同時に、人間のなかに、独立と正義において、祖国への愛と国際的な連帯感を促進する。<br><br>1. 憲法24条、信条の自由によって保障され、前述の教育を方向づける基準は、いかなる宗教的教義からも完全に無関係である。科学の進歩の結果にもとづき、無知とその影響、隷属状況、狂信主義と偏見と闘う。さらに<br><br>a）教育は民主的で | 国家―連邦、州、市―の付与する教育は、人間のあらゆる能力を調和的に発達させる傾向があると同時に、人間のなかに、独立と正義において、祖国への愛と国際的な連帯感を促進する。<br><br>1. 憲法24条、信条の自由によって保障され、前述の教育を方向づける基準は、いかなる宗教的教義からも完全に無関係である。科学の進歩の結果にもとづき、無知とその影響、隷属状況、狂信主義と偏見と闘う。さらに<br><br>a）教育は民主的で | 国家―連邦、州、市―の付与する教育は、人間のあらゆる能力を調和的に発達させる傾向があると同時に、人間のなかに、独立と正義において、祖国への愛と国際的な連帯感を促進する。<br><br>1. 第24条において信仰の自由が保障され、上述の教育は世俗であり、それゆえ、いかなる宗教的教義からも完全に無関係である。<br><br>2. その教育を方向付ける基準は、科学的進歩の成果に基礎を置き、無知とその結果、隷属状況、狂信 | すべての個人は、教育を受ける権利を有する。国家―連邦、州、市―は、就学前、初等、中等教育を付与する。初等、中等教育は義務とする。<br><br>国家が付与する教育は、人類のあらゆる能力を調和的に発達させようとするものである。同時に、独立と正義のなかにおいて、祖国への愛と国際的な連帯意識を助成する。<br><br>1. 第24条において信仰の自由が保障され、上述の教育は世俗であり、それゆえ、いかなる宗教的教義からも完全に無 |

| | | | | | |
|---|---|---|---|---|---|
| で付与される。 | 1. 私立の機関における活動と教育は、例外なく本条の最初の段落に定められたことに適合させなければならない。また、それらは、国家からみて、十分な専門的訓練を受け、本規則に合致した適切な倫理性と観念をもつ人の手に委ねられる。こうしたことから、宗教団体、聖職者、教育活動を専門的あるいは優先的に実施する株式による会社、宗教的信条の宣伝に直接的あるいは間接的にかかわる連合体や団体は、いかなる形態においても初等、中等、師範学校に介入してはならないし、経済的にそれらの学校を支援す | ある。民主主義をたんに法律的な構造と政治的な体制としてだけではなく、国民の絶え間ない経済的、社会的、文化的向上にもとづく生活の制度として考える。<br><br>b）教育は国民的である。敵対も排他主義もなく、われわれの問題の把握、われわれの資源の活用、われわれの政治的独立、われわれの経済的独立の確保、われわれの文化の継続と発展に取り組む。<br><br>c）教育は最良の人類共存に貢献する。それは、人間の尊厳と家族の一体化、社会全体の利益の確信 | ある。民主主義をたんに法律的な構造と政治的な体制としてだけではなく、国民の絶え間ない経済的、社会的、文化的向上にもとづく生活の制度として考える。<br><br>b）教育は国民的である。敵対も排他主義もなく、われわれの問題の把握、われわれの資源の活用、われわれの政治的独立、われわれの経済的独立の確保、われわれの文化の継続と発展に取り組む。<br><br>c）教育は最良の人類共存に貢献する。それは、人間の尊厳と家族の一体化、社会全体の利益の確信 | 主義と偏見に対抗して闘う。さらに<br><br>a）教育は民主的である。民主主義をたんに法律的な構造と政治的な体制としてだけではなく、国民の絶え間ない経済的、社会的、文化的向上にもとづく生活の制度として考える。<br><br>b）教育は国民的である。敵対も排他主義もなく、われわれの問題の把握、われわれの資源の活用、われわれの政治的独立、われわれの経済的独立の確保、われわれの文化の継続と発展に取り組む。<br><br>c）教育は最良の人 | 関係である。<br><br>2. その教育を方向付ける基準は、科学的進歩の成果に基礎を置き、無知とその結果、隷属状況、狂信主義と偏見に対抗して闘う。さらに<br><br>a）教育は民主的である。民主主義をたんに法律的な構造と政治的な体制としてだけではなく、国民の絶え間ない経済的、社会的、文化的向上にもとづく生活の制度として考える。<br><br>b）教育は国民的である。敵対も排他主義もなく、われわれの問題の把握、われわれの資源の活用、 |

<table>
<tr>
<td>ることはできない。<br><br>2. 教育の計画、プログラム、方法は、いかなる場合でも国家の責任である。<br><br>3. 私立機関は、それぞれの場合において、あらかじめ公的権力の明確な認可を得ずして機能することはできない。<br><br>4. 国家は、いかなるときも、付与した認可を取り消すことができる。取り消しにたいして、いかなる訴訟も起こすことはできない。<br><br>これらの同様の規則は、労働者や農民に付与されるあらゆる種類、段階の教育を</td>
<td>を尊重するとともに、生徒たちをたくましくするために寄与する要素によって、そしてまた、人種、宗派、性別や個人による集団の特権を阻止し、すべての人間の権利の平等と友愛の理想を支えることに配慮することによる。<br><br>2. 私人は、すべての種類と段階で教育を付与することができる。しかし、初等、中等、師範教育、および、労働者と農民に向けられたすべての種類と段階に関係するものにおいては、いかなる場合においても、あらかじめ当局の明白な許可を得なければならな</td>
<td>を尊重するとともに、生徒たちをたくましくするために寄与する要素によって、そしてまた、人種、宗派、性別や個人による集団の特権を阻止し、すべての人間の権利の平等と友愛の理想を支えることに配慮することによる。<br><br>2. 私人は、すべての種類と段階で教育を付与することができる。しかし、初等、中等、師範教育、および、労働者と農民に向けられたすべての種類と段階に関係するものにおいては、いかなる場合においても、あらかじめ当局の明白な許可を得なければならな</td>
<td>類共存に貢献する。それは、人間の尊厳と家族の一体化、社会全体の利益の確信を尊重するとともに、生徒たちをたくましくするために寄与する要素によって、そしてまた、人種、宗派、性別や個人による集団の特権を阻止し、すべての人間の権利の平等と友愛の理想を支えることに配慮することによる。<br><br>3. 私人は、すべての種類と段階で教育を付与することができる。しかし、初等、中等、師範教育、および、労働者と農民に向けられたすべての種類と段階に関係するものにおいて</td>
<td>われわれの政治的独立、われわれの経済的独立の確保、われわれの文化の継続と発展に取り組む。<br><br>c）教育は最良の人類共存に貢献する。それは、人間の尊厳と家族の一体化、社会全体の利益の確信を尊重するとともに、生徒たちをたくましくするために寄与する要素によって、そしてまた、人種、宗派、性別や個人による集団の特権を阻止し、すべての人間の権利の平等と友愛の理想を支えることに配慮することによる。<br><br>3. 第2段落、第2項の規定を完全に実施</td>
</tr>
</table>

| | | | | | |
|---|---|---|---|---|---|
| | 規定する。<br><br>初等教育は義務であり、国家はこれを無償で付与する。<br><br>国家は、任意においていかなるときも、私立機関においてなされる学業への公的な合法性の承認を撤回することができる。<br><br>議会は、共和国全土において教育を統一し調整する目的で、必要な法律を発行する。それらの法律は、連邦、州、市のあいだで教育の社会的機能を配分し、この公的サービスに相当する経済的分担を確定し、関連の規定を遂行しない、ある | い。この許可は、拒否または取り消しとなることがあり、その決定にはいかなる裁判も不服申し立てもできない。<br><br>3. 前項で特定された種類と段階における教育に向けられた私立の施設は、例外なく、本条の最初と1、2の段落において規定されたことにしたがわなければならない。さらに、公的な計画とプログラムを遂行しなければならない。<br><br>4. 宗教団体、聖職者、教育活動を優先的あるいは支配的に実施する株式による会社、宗教的信条の宣伝にかかわる連合 | い。この許可は、拒否または取り消しとなることがあり、その決定にはいかなる裁判も不服申し立てもできない。<br><br>3. 前項で特定された種類と段階における教育に向けられた私立の施設は、例外なく、本条の最初と1、2の段落において規定されたことにしたがわなければならない。さらに、公的な計画とプログラムを遂行しなければならない。<br><br>4. 宗教団体、聖職者、教育活動を優先的あるいは支配的に実施する株式による会社、宗教的信条の宣伝にかかわる連合 | は、いかなる場合においても、あらかじめ当局の明白な許可を得なければならない。この許可は、拒否または取り消しとなることがあり、その決定にはいかなる裁判も不服申し立てもできない。<br><br>4. 前項で特定された種類と段階における教育に向けられた私立の施設は、本条の第1段落と第2項が定めるのと同じ目的と基準に関心をもって教育を付与しなければならない。さらに、公的な計画とプログラムを遂行し、前項の規定にしたがう。<br><br>5. 国家は、任意にお | するため、連邦政府は、全共和国に向けた初等、中等、師範教育における学習計画とプログラムを決定する。この目的のため、連邦政府は、法律が示す条項において、連邦機関の政府および教育に関連する諸社会セクターの意見を考慮する。<br><br>4. 国家の付与するすべて教育は無償とする。<br><br>5. 第1段落に示された就学前、初等、中等教育の付与に加え、国家は、高等教育も含めて、国家の発展のために必要なすべての教育の種類と様式を助成し、それに取り組む。科 |

| | | | | | |
|---|---|---|---|---|---|
| | いはさせない公務員、同様に、それに違反するすべてのものに適応できる処罰を決める。 | 体や団体は、いかなる形態においても、初等、中等、師範教育や、労働者と農民向けの教育を付与する施設に介入してはならない。<br><br>5. 国家は、任意においていかなるときも、私立機関においてなされる学業への公的な合法性の承認を撤回することができる。<br><br>6. 初等教育は義務である。<br><br>7. 国家が付与する教育はすべて無償である。<br><br>8. 議会は、共和国全土において教育を統一し調整する目的 | 体や団体は、いかなる形態においても、初等、中等、師範教育や、労働者と農民向けの教育を付与する施設に介入してはならない。<br><br>5. 国家は、任意においていかなるときも、私立機関においてなされる学業への公的な合法性の承認を撤回することができる。<br><br>6. 初等教育は義務である。<br><br>7. 国家が付与する教育はすべて無償である。<br><br>8. 法律が自治を与えている大学やそのほかの高等教育機関 | いていかなるときも、私立機関においてなされる学業への公的な合法性の承認を撤回することができる。<br><br>6. 初等教育は義務である。<br><br>7. 国家が付与する教育はすべて無償である。<br><br>8. 議会は、共和国全土において教育を統一し調整する目的で、必要な法律を発行する。それらの法律は、連邦、州、市のあいだで教育の社会的機能を配分し、この公的サービスに相当する経済的分担を確定し、関連の規定を遂行しない、あ | 学・技術の研究を支援し、われわれの文化の強化と普及を促進する。<br><br>6. 私人は、すべての種類と様式において教育を付与することができる。法律の定める条項において、国家は、私立の施設において実施される学業に対して公的効力の承認を与え、そして取り消す。<br><br>a）第2段落および第2項に定めるところと同じ目的と基準に関心をもって教育すると同時に、第3項に言及される計画とプログラムを遂行すること。<br><br>b）それぞれの場合 |

において、法律の定める条項において、あらかじめ当局の明白な許可を得ること。

7.法律が自治を与えている大学やそのほかの高等教育機関は、自らが統治する能力と責任をもつ。自由な教職と研究、自由な思想と意見交換の自由を尊重しつつ、本条の原則にしたがって、教育し、研究し、文化を普及する目的を実現する。みずからの計画とプログラムを決定する。学術スタッフの加入、昇進、在職の条件を定める。財産を管理する。教職と研究の自由と本項が言及する機関の目的が

---

るいはさせない公務員、同様に、それに違反するすべてのものに適応できる処罰を決める。

9.法律が自治を与えている大学やそのほかの高等教育機関は、自らが統治する能力と責任をもつ。自由な教職と研究、自由な思想と意見交換の自由を尊重しつつ、本条の原則にしたがって、教育し、研究し、文化を普及する目的を実現する。みずからの計画とプログラムを決定する。学術スタッフの加入、昇進、在職の条件を定める。財産を管理する。教職と研究の自由と本項が言及する機関の目的が

---

は、自らが統治する能力と責任をもつ。自由な教職と研究、自由な思想と意見交換の自由を尊重しつつ、本条の原則にしたがって、教育し、研究し、文化を普及する目的を実現する。みずからの計画とプログラムを決定する。学術スタッフの加入、昇進、在職の条件を定める。財産を管理する。教職と研究の自由と本項が言及する機関の目的が自治と一致するように、特別な労働に固有の特徴にしたがって、連邦労働法が定める条項と様式において、学術スタッフおよび事務スタッフの労働関係は、本憲

---

で、必要な法律を発行する。それらの法律は、連邦、州、市のあいだで教育の社会的機能を配分し、この公的サービスに相当する経済的分担を確定し、関連の規定を遂行しない、あるいはさせない公務員、同様に、それに違反するすべてのものに適応できる処罰を決める。

| | | | | | |
|---|---|---|---|---|---|
| | | | 法第123条A項によって規定される。<br><br>9. 議会は、共和国全土において教育を統一し調整する目的で、必要な法律を発行する。それらの法律は、連邦、州、市のあいだで教育の社会的機能を配分し、この公的サービスに相当する経済的分担を確定し、関連の規定を遂行しない、あるいはさせない公務員、同様に、それに違反するすべてのものに適応できる処罰を決める。 | 自治と一致するように、特別な労働に固有の特徴にしたがって、連邦労働法が定める条項と様式において、学術スタッフおよび事務スタッフの労働関係は、本憲法第123条A項によって規定される。<br><br>10. 議会は、共和国全土において教育を統一し調整する目的で、必要な法律を発行する。それらの法律は、連邦、州、市のあいだで教育の社会的機能を配分し、この公的サービスに相当する経済的分担を確定し、関連の規定を遂行しない、あるいはさせない公務員、同様に、それに | 自治と一致するように、特別な労働に固有の特徴にしたがって、連邦労働法が定める条項と様式において、学術スタッフおよび事務スタッフの労働関係は、本憲法第123条A項によって規定される。<br><br>8. 議会は、共和国全土において教育を統一し調整する目的で、必要な法律を発行する。それらの法律は、連邦、州、市のあいだで教育の社会的機能を配分し、この公的サービスに相当する経済的分担を確定し、関連の規定を遂行しない、あるいはさせない公務員、同様に、それに |

| | | | | | |
|---|---|---|---|---|---|
| | | | | 違反するすべてのものに適応できる処罰を決める。 | 違反するすべてのものに適応できる処罰を決める。 |

出典）Ornelas 1995, Apéndice A.

## 資料2. 統計

| 年 | 人口 | 小学校数 | 生徒数 | 教師数 | 予算 | 識字率 |
|---|---|---|---|---|---|---|
| 1920 | | | | | 0.94 | |
| 1921 | 14,334,780 | 11,041 | 868,040 | 22,939 | 4.9 | 33.9 |
| 1922 | | | | | 12.99 | |
| 1923 | | | | | 17.06 | |
| 1924 | | | | | 12.50 | |
| 1925 | | 13,187 | 1,090,616 | | 10.26 | |
| 1926 | | 14,868 | 1,114,625 | | 9.91 | |
| 1927 | | 17,549 | 1,306,557 | 31,232 | 9.80 | |
| 1928 | | 16,701 | 1,402,701 | 32,657 | 10.17 | |
| 1929 | | 11,353 | 1,211,553 | | 10.95 | |
| 1930 | 16,552,722 | 11,379 | 1,299,899 | | 12.34 | 38.5 |
| 1931 | | 10,632 | 1,365,307 | | 14.73 | |
| 1932 | | 11,888 | 1,479,502 | | 14.27 | |
| 1933 | | 15,722 | 1,486,064 | | 14.82 | |
| 1934 | | 16,488 | 1,418,689 | | 14.14 | |
| 1935 | | 18,118 | 1,509,386 | | 15.22 | |
| 1936 | | 19,331 | 1,682,931 | | 15.69 | |
| 1937 | | 20,423 | 1,810,333 | | 15.56 | |
| 1938 | | 20,885 | 1,916,097 | | 15.33 | |
| 1939 | | 20,682 | 1,964,046 | | 14.31 | |
| 1940 | 19,653,552 | 21,874 | 1,960,755 | | 14.42 | 46.0 |
| 1941 | | 18,886 | 2,017,141 | | 14.81 | |
| 1942 | | 18,469 | 2,154,368 | 43,931 | 14.06 | |
| 1943 | | 20,170 | 2,352,502 | 48,817 | 11.14 | |
| 1944 | | 20,783 | 2,395,203 | 52,386 | 11.83 | |
| 1945 | | 20,966 | 2,624,841 | 54,136 | 14.07 | |
| 1946 | | 21,637 | 2,717,418 | 56,468 | 14.07 | |
| 1947 | | 22,899 | 2,815,161 | 60,649 | 15.13 | |
| 1948 | | 23,248 | 2,836,010 | 61,979 | 13.96 | |
| 1949 | | 23,273 | 2,867,272 | 62,858 | 15.82 | |

| 単位 | 人 | 校 | 人 | 人 | % | % |
|---|---|---|---|---|---|---|
| 1950 | 25,791,017 | 23,818 | 2,997,054 | 66,577 | 16.94 | 56.8 |
| 1951 | | 24,382 | 3,141,107 | 69,013 | 16.75 | |
| 1952 | | 25,331 | 3,262,452 | 73,245 | 15.35 | |
| 1953 | | 26,333 | 3,436,544 | 76,824 | 17.32 | |
| 1954 | | 27,018 | 3,690,639 | 80,796 | 18.34 | |
| 1955 | | 27,520 | 3,892,735 | 84,854 | 17.79 | |
| 1956 | | 28,104 | 4,061,030 | 88,942 | 20.14 | |
| 1957 | | 28,819 | 4,279,973 | 93,228 | 19.78 | |
| 1958 | | 30,477 | 4,523,488 | 98,307 | 21.59 | |
| 1959 | | 31,358 | 4,857,184 | 104,718 | 23.74 | |
| 1960 | 34,923,129 | 32,533 | 5,342,092 | 106,822 | 24.45 | 66.5 |
| 1961 | | 32,550 | 5,729,665 | 117,766 | 26.17 | |
| 1962 | | 33,488 | 6,042,269 | 126,112 | 26.74 | |
| 1963 | | 35,038 | 6,470,110 | 135,798 | 28.28 | |
| 1964 | | 36,405 | 6,825,858 | 145,372 | 29.31 | |
| 1965 | | 37,288 | 7,182,956 | 149,986 | 33.38 | |
| 1966 | | 38,779 | 7,639,989 | 160,111 | 33.14 | |
| 1967 | | 39,979 | 8,070,182 | 170,079 | 33.72 | |
| 1968 | | 41,086 | 8,336,690 | 178,446 | 32.23 | |
| 1969 | | 42,344 | 8,669,654 | 187,414 | 33.84 | |
| 1970 | 48,225,238 | 44,578 | 9,146,460 | 191,867 | 34.57 | 76.3 |
| 1971 | | 45,630 | 9,593,739 | 205,353 | 36.97 | |
| 1972 | | 47,178 | 10,001,894 | 218,184 | 33.61 | |
| 1973 | | 48,083 | 10,394,358 | 228,703 | 34.64 | |
| 1974 | 58,320,335 | 50,497 | 10,878,716 | 239,782 | 37.65 | |
| 1975 | 60,153,387 | 55,006 | 11,335,339 | 253,124 | 40.11 | |
| 1976 | 61,978,684 | 55,500 | 12,026,174 | 272,952 | 39.61 | |

出典）INEGI 1990, pp.75-119.

※　予算は、総予算に占める教育予算の割合。
※　識字率は、10歳以上の人口に対する割合。

## 資料3. 住民の請願書・公教育省の公文書

SECRETARIA
DE
EDUCACION PUBLICA

DEPENDENCIA

SECCION
MESA
NUMERO DEL OFICIO
EXPEDIENTE

ASUNTO:- ACTA DE COMPROMISO QUE FIRMAN LAS AUTORIDADES MUNICIPALES Y EDUCATIVAS DE LA COMUNIDAD DE SANTA MARIA ALBARRADAS, PARA LA APERTURA DE LA ESCUELA RURAL DE AQUEL LUGAR.

En la ciudad de Tlacolula de Matamoros, del Estado de Oaxaca, siendo las doce horas del día 30 (treinta de agosto de Mil novecientos sesenta y cuatro, - reunidos en el local que ocupa la Inspección Federal de Educación de la Quinta Zona Escolar, los CC. Ignacio Olivera Ruiz, Agente Municipal; Francisco Olivera Ruiz, Suplente del C. Agente Municipal; Feliciano Pérez Olivera, Alcalde -- Municiapal; Francisco Salvador Pérez, Secretario Municipal; Ernesto Pérez Pérez, Presidente de la Sociedad de Padres de Familia; José Pérez Olivera, Secretario de la Sociedad de Padres de Familia; Eulogio Martínez Olivera, Presidente del Comité de Educación; Galo Martínez Pérez, Secretario del referido Comité de Educación; Juan Pérez Olivera, topil Municipal; Juan Hernández Cruz, vecino de la comunidad de Santa Maria Albarradas y el C. Profr. Román Orozco Gutiérrez, Inspector Federal de Educación de la Quinta Zona Escolar en el Estado. Se procedió a explicarles a las autoridades municiapales y educativas arriba - anotadas oriundas de la Comunidad de Santa Maria Albarradas, que de conformidad con el problema presentado en aquella población el 18 diez y ocho de junio pasado entre los vecinos de la población y el C. Director de la Escuela -- por instancia del párroco del lugar, motivó el cierre de la Escuela de la referida población de Santa María Albarradas.- Acto seguido, el C. Inspector Escolar se compromete a abrir dicha Institución, por las reiteradas gestiones -- de las Autoridades Municipales y Educativas presentes, mismas que se comprometen a prestar toda su colaboración a la tarea Educativa bajo los siguientes -- compromisos: Primero:- Las Autoridades Municipales, Educativas y vecinos en general de Santa María Albarradas prestarán toda la ayuda moral y económica -- necesaria para el mejoramiento del edificio escolar del lugar.- Segundo:- Prestar al Maestro que labore en la Escuela del lugar, todas las garantías y ayuda necesaria para el desempeño de su cometido.-Tercero:- No permitirán que el Sacerdote o cualquiera persona extraña a la Escuela, intervenga en los asuntos que son de la competencia de las Autoridades Educativas Superiores.-Cuarto:- Las Autoridades Municiaples y Educativas Presentes se comprometen a seguir pagando por el resto de este año una Maestra municiapl.- Quinto:- El C. Inspector Escolar, igualmente se compromete a ayudar dentro de las posiblidades de su investidura a la Escuela de la citada población de Santa María Albarradas: No habiendo otro asunto que tratar, se levantó la presente para constancia, - firmando todos los que en el acto intervinieron: DAMOS FE. - - - - - - - - -

TLACOLULA, OA

SOCIEDAD DE PADRES DE FAMILIA
DE LA ESCUELA 172

AMERICAS 72 TELEFONOS: 19-14-49 / 19-14-54 COL. MODERNA

MEXICO, D. F. agosto 16 de 1949.

Sr. Prof. Héctor Sánchez.
Director Gral. de Primera Enseñanza.
Presente.

Muy honorable señor Profesor:

Con toda atención nos permitimos suplicar a usted se sirva librar sus apreciables órdenes con el fín de que se nos autorice la devolución de varias bancas de madera que esta Sociedad ha costeado de sus fondos, así como alguna cantidad de madera que se encuentran en la Escuela M-172 y que en esta ocasión la necesitamos para acondicionar un salón donde los niños del 2o. año "B" reciban en la casa del abajo subscrito, clases especiales con una maestra que costea esta propia Sociedad, con el fín de ver si es posible que los ponga al corriente, toda vez que el atraso en que se encuentran todos los niños de dicho grupo es alarmante, y ante este problema esta Sociedad no puede permanecer indiferente, ya que para usted es fácil comprender el perjuicio que nos reporta a padres y alumnos la pérdida de un año, cosa que sucedería inevitablemente de no haber tomado esta medida en provecho de los niños del mismo año.

Agradecidos por su valiosa intervención, le rogaríamos girar sus instrucciones a la Srita. directora de este plantel que se opone, sin ninguna justificación, según nuestro criterio, a que esta Sociedad disponga de los objetos que son de su propia pertenencia, máxime cuando en el caso, el beneficio trascenderá a los propios educandos por los cuales esta Sociedad velará indiscutiblemente.

Aprovechamos la ocasión para repetirnos una vez más de usted atentos y Ss.Ss.

EL PRESIDENTE.

Alfredo Vázquez Rojas.-

c.c. al C. Prof. Fidel Vázquez Mendoza, Srio. Gral. de la Confederación de Padres de Familia de la República Mexicana.

... GRAL. DE EDUC.
PRIM. EN EL D.F.
SUBDIRECCION TECNICA.
OFICINA TECNICA.
SEC. ESTUDIOS PEDAGOGI-
19672 COS.
E/121.1(E 21"172")/1

Los equipos pertenecen a la escuela.

México, D.F., a 14 de septiembre de 1949.

C. ALFREDO VAZQUEZ ROJAS.
PRESIDENTE DE LA SOC. DE PADRES
DE FAMILIA DE LA ESC. 172.
Américas 72. Col. Moderna. Cd.

Con relación a su oficio s.n. fechado el 16 de agosto anterior, manifiesto a usted que no es posible acceder a la petición de esa Sociedad, en vista de que los muebles fue-- ron donados a la escuela y, por consiguiente, no se puede - disponer ya de esos equipos, fuera del local; por otra parte, el personal docente debe ser el oficial.

Atentamente.

EL SUBDIRECTOR GRAL. TECNICO.

PROF. MANUEL E. DE ZAMACONA?

SECRETARIA DE EDUCACION PUBLICA
DIREC. GRAL. ...
EN EL D.F.
OFICINA TECNICA

CMM/gp

22-829-58/31

ASUNTO: Pidiendo el establecimiento de una escuela federal en Tenejapa Chis, donde hay más de 300 alumnos en edad escolar.

Al C. Ministro de Educación Pública.
México D.F.

Los que suscribimos, padres de familia y vecinos de Tenejapa del Estado de Chiapas, de la manera más respetuosa ocurrimos a Ud. para pedirle que se sirva acordar el establecimiento de una escuela federal en el pueblo de nuestra residencia, fundado en la urgente necesidad que existe y en la verdad de las razones que en seguida exponemos, suplicándole con toda atención que si no es posible el establecimiento de una escuela primaria, cuando menos que se nos dé una escuela rural federal.

8960

El pueblo de Tenejapa Chis. tiene una población de mas de seis mil habitantes, de los que unos dos mil vivimos en el caserío del pueblo y no se ocultarán a la vista de Ud. señor Ministro que con tal motivo existen mas de doscientos alumnos en edad escolar y que se impone la necesidad del establecimiento de una escuela para que no pierdan lastimosamente el tiempo, sumidos en la ignorancia que tanto cuesta desterrar.

En años atrás la federación, el Estado y el Municipio, sostenían escuelas en donde educabamos a nuestros hijos; pero desde el año de 1927 se suprimió la federal y el Ayuntamiento no pudo sostener la escuela debido a su precaria situación económica y solamente el Estado auxiliado del municipio sostubo una escuela primaria.

El año próximo pasado el dicho Estado nombró como profesores de nuestra escuela a los hermanos [illegible] que por favoritismo y solo para ganar el sueldo consiguieron esos empleos, lo que es notorio porque apenas saben leer y escribir. Con el descontento y repugnancia general tuvimos que poner nuestros hijos de primeras letras, en esa escuela, porque los más adelantaditos no tuvieron cabida, por cuanto los maestros citados les dijeron con franqueza que no podian enseñarles más; pero no se ajustaba todavía el medio año, cuando tuvimos que quitar de la tal escuela a nuestros pequeños parbulitos, porque nos obligaron a ello la mala conducta e inmoralidad de los [illegible] que además de su incapacidad para la escuela daban un pésimo ejemplo a nuestros educandos por embriagarse constantemente y ser responsable de actos indecorosos de la vida ordinaria y políticos, que les permitían desatender completamente sus obligaciones.

Desde mediados del año pasado la escuela se suprimió y los niños pierden el tiempo lastimosamente, lo cual está muy lejos del programa de desanalfabetización que el Gobierno se ha trazado.

Al comensar el corriente año, la Dirección de Educación en el Estado nombró nuevamente como profesores a los citados [illegible] y en atención a lo inadecuado de esa designación y nombramientos, nos dirijimos al Gobierno del Estado en la siguiente forma: pidiéndole que se cambiara a los profesores porque de lo contrario ningun alumno iría, como puede verlo en la nota original de contestación que acompañamos al presente memorial. Como ha pasado tanto tiempo y ningún caso se nos hiciera sobre nuestras reiteradas peticiones y como no hay ninguna escuela abierta en Tenejapa y nuestros niños pierden el tiempo, ocurrimos a la dDirección Federal de Educación en este Estado establecida en Tuxtla Gutiérrez y como aparece en los presupuesto una escuela en Tenejapa que no está abierta a los niños, temerosos de que se nos niegue el establecimiento de la escuela federal nos dirigimos a Ud. de esta manera respetuosa, para ponerlo en antecedentes y se sirva girar órdenes, para que se establezca en nuestro pueblo una escuela federal y si por las circunstancias no es posible el establecimiento de una escuela primaria, que cuando menos se nos dé una escuela rural federal, con lo que se benficiaran más de 300 niños en edad escolar que anhelan tener una escuela donde poder razgar el velo de la ignorancia, que los tiene relagados al peor estado de desprecio.

Con toda atención le protestamos nuestro respeto yconsideración debidos.

Tenejapa, a 22 de febrero de 1931.

# あとがき

わたしがメキシコにはじめて足をふみいれたのは、大学4年になったばかりの1987年4月のことであった。大学3年のころ漠然と将来のことを考えていたわたしは、卒業論文や就職活動のことよりもいかに日本を脱出するかを画策していた。バブル経済のまっただなかにあった当時は、就活やキャリア・デザイン、エントリー・シートやブラック企業などということばもなく、今の学生たちとは違い、卒業が1、2年遅れても将来はなんとかなるだろうという程度に気楽に考えることのできる時代であった。

成田・ロスアンゼルス往復の1年間オープン航空券を買い、少しずつ蓄えてきた金をすべてドルのトラベラーズ・チェックにかえて、それがなくなったら日本に戻ってくるつもりだった。アメリカ合州国の南西部を少し旅したのちメキシコに入り、最初の1ヶ月は、友人に紹介してもらったグアダラハラのホームステイ先に滞在し、その後のことはそのときに考えようという無計画ぶりであった。メキシコには、日本で知り合ったメキシコ大学院大学の先生おひとりのほかに、知り合いもあてもまったくなかった。リュックサックに最低限の荷物を詰め込み、パスポートとトラベラーズ・チェックを服の下に忍ばせ、緊張感いっぱいで成田をあとにした。なにしろ、はじめての海外旅行だったのである。今から思えば、若気のいたりとしかいいようのないなんとも無謀な旅であった。

メキシコでは多くの人たちと出会い、そして、さまざまな体験をした。成り行きで南米にも2回行くことができた。そこで経験し考えたことを記すだけの紙幅はないが、とくに忘れられない記憶のひとつが、メキシコとアメリカ合州国との国境の橋を歩いてわたったときのことである。ロスアンゼルスからサンディエゴを経由し、エルパソに滞在したさいに、メキシコ側のシウダー・フアレスに入ろうと橋を歩いていると、赤ちゃんを抱いた女性が、橋の真ん中でいきなり手を差し出してきたのだ。物乞いである。大変残念なことであるが、こうしたことはメキシコではよくあることで、今となっては驚くことはなくなったが（もちろん、これに慣れてしまっては絶対にいけないのだが）、そのときははじめての経験にとまどい女性を無視して先を急いだ。メキシコ側に入ると、そこはエルパソの街とはまったく異なっていた。舗装されていない道路はほこりっぽく、家もみすぼらしい。歩いている人びとをみても貧しさを感じさせる。そして、わけもなく感じる居心地の悪さ、あるいは漠然とした恐怖に耐えかねてそそくさとアメリカ合州国側に引き返してしまった。

当時、まだバスコンセロスの自叙伝は読んでいなかったが、彼が通学のときに毎日感じていたメキシコとアメリカ合州国との格差というのはあのようなものだったのかもしれないと、のちに『クリオーリョのユリシーズ』を読んだときにそのことを思い出した。川一本隔てて存在する圧倒的な貧富の格差。この両国のコントラストはあまりにも印象的であった。思えば、それが今のわたしの原点なのかもしれない。あれから四半世紀が過ぎ、今では毎年のようにメキシコに通うようになった。はじめてメキシコを訪れたとき、メキシコ史研究を志して大学院へ進学するということは考えてもいなかったし、それがのちに仕事になるとは想像もしていなかった。やはり、メキシコは魅惑に満ちた国なのかもしれない。

結局、11ヶ月ものあいだメキシコや南米に滞在したのち帰国することとなった。そして、帰国後は卒業論文にとりかかることになるが、大まかなテーマはすでに決めていた。しかし、メキシコに行くまえの3年生の段階ではいろいろと迷いがあった。それは、論文のテーマを日本の教育問題とするか、メキシコの歴史とするかというものであった。一年の浪人をへて大学に入ったわたしは、それまで自分が受けてきた学校教育に漠然とした疑問をもっていた。自分が学校で身につけてきたと思っている知識や能力とはなんなのか、つまりは自分の受けてきた教育ははたしてどのようなものなのか、疑問というよりも「違和感」といった感じかもしれない。こうした感覚は個人的な経験からくるものであったが、もちろんそれは、たんにわたしひとりが感じていた「違和感」ではなかった。日本では、高等学校への進学率が90％を超え、国立大学の入学試験にいわゆる「共通一次試験」が導入されたのが1970年代半ばから終わりにかけてである。一方で、校内暴力、受験戦争、教育ママ、管理教育、体罰などが社会問題化されるようになり、TBS番組「金八先生」のような教育ドラマが話題となった。一見すると学校教育が全盛期を迎えたかのようにみえるその時代、すでに学校教育はその内部から崩壊がはじまっていたのである。

わたしが感じていた「違和感」は、当然、多くの人びとがもっていた学校教育への疑問や不満と共鳴していたのである。わたしは、そのころつぎつぎと出版されるようになった学校教育批判の本を少しづつ読みはじめ、学校教育にはらまれている本質的な問題に関心をもつようになった。そこで、卒業論文では日本の教育問題をテーマにしようと思ったのだが、スペイン語を少しはかじり、またメキシコの複雑な歴史にも大いに関心をもっていたため、どちらをテーマにするか悩んだのだ。そのとき、出会ったのがイバン・イリイチの『脱学校の社会』（東京創元社）であった。わたしが3年生のときにとっていた演習の授業を担当されていた小澤周三先生が翻訳者のおひとりだったのである。

わたしにとっては難解な文章ではあったが、わたしの感じていた「違和感」がどこからくるのか、それを解く鍵が「学校化」という概念に潜んでいるのではないかと思われてわくわくした。そして、イリイチがラテンアメリカの教育問題を論じつつ「学校化」批判を展開していること、さらに、学校制度だけではなく、医療や交通など近代の諸制度について議論をかわすセミナーをメキシコのクエルナバーカという町で開いたことを知った。そして、ラテンアメリカなどのいわゆる新興諸国が学校化されることはないという可能性に、イリイチが注目していることになんらかの糸口があるように思われた。また、イリイチとともにクエルナバーカでセミナーを開いていたエヴァレット・ライマーの『学校は死んでいる』（晶文社）の翻訳や、イリイチのところに遊学した山本哲士氏の『学校の幻想 幻想の学校—教育のない世界』（新曜社）が出版されたのがともに1985年であった。さらに、識字教育で有名なブラジルのパウロ・フレイレの『被抑圧者の教育学』(亜紀書房)の翻訳が1979年に出され、1985年には第5刷が発行された。ちょうどわたしが教育問題に関心をもちはじめた時期であった。そして、メキシコ大学院大学で教鞭を執ったことのある鶴見俊輔氏の『グアダルーペの聖母—メキシコ・ノート』(筑摩書房)を大学の授業で読んださいに、そのなかで、明治から昭和にかけて存在していた小学校教師などの在村知識人について論じつつ、それが「メキシコとの比較研究として未来のある主題となっている」(pp.83-84)と述べている文章に出会った。わたしの心は決まった。

しかしながら日本においては、現在にいたってもなお、ラテンアメリカ研究の分野では教育史にたいする関心はけっして高くはないし、また、教育学研究においてはラテンアメリカの教育史研究への関心は比較的薄い。それゆえに、先行研究も資料も限られているメキシコ教育史研究を進めることは、かならずしも簡単なことではなかった。そこで、大学の資料室に所蔵されていたメキシコ大学院大学歴史研究センターの紀要を一冊づつ手にとってメキシコの教育に関連するものを集めてみた。すると、1920年代以降の農村教育にかんする論文が多いことがわかった。メキシコ公教育普及のはじまりであり、農村教育の全盛期へといたる時代であればそれも当然のことである。こうして、手探りの状態からわたしのメキシコ教育史研究がはじまったのである。

本書は、一橋大学に提出した学位論文「20世紀メキシコにおける農村教育の社会史—農村学校をめぐる国家と教師と共同体」を修正したものである。そのほとんどの部分はすでに論文として発表したものであるが、すべてをまとめてひとつの論文とするにあたり大幅に修正、加筆したものもある。各論文の初出は以下のとおりである。

序章:書き下ろし

第1章:「メキシコにおける『混血』イメージ—ホセ・バスコンセロスの『混血』思想の形成過程」上智大学イベロアメリカ研究所『イベロアメリカ研究』第XVI巻第2号、1995年。

第2章：「『メキシコなるもの』の創出―マヌエル・ガミオの人類学をめぐって」日本ラテンアメリカ学会『ラテンアメリカ研究年報』No.16、1996年。

第3章：「メキシコにおけるナショナリズムと〈インディオ〉―20世紀前半の〈インディオ〉統合教育をめぐって」中内敏夫・関啓子・太田素子編『人間形成の全体史―比較発達社会史への道』大月書店、1998年。

第4章：「メキシコ教育省の再建と教育の『連邦化』」牛田千鶴編『ラテンアメリカの教育改革』行路社、2007年。

第5章：「メキシコにおける農村教師養成の歴史にかんする一考察」『文明科学研究』（広島大学大学院総合科学研究科紀要Ⅲ）第5巻、2010年。

第6章：「メキシコにおける農村改良運動と〈国民形成〉―1920年代の農村学校と『文化ミッション』を中心に」『人間文化研究』（広島大学総合科学部紀要Ⅲ）第8巻、1999年。

第7章：「共同体における農村教師と住民―20世紀前半のメキシコ農村教師の証言」松塚俊三・安原義仁編『国家・共同体・教師の戦略―教師の比較社会史』昭和堂、2006年。

第8章：「新たな社会空間としての農村学校―20世紀前半のメキシコにおける農村教師をめぐって」『地域文化研究』（広島大学総合科学部紀要Ⅰ）第27巻、2001年。

第9章：「学校をめぐる住民と国家の関係史―メキシコの教育普及過程における住民の教育要求」『地域文化研究』（広島大学総合科学部紀要Ⅰ）第29巻、2003年。

終章：書き下ろし

補論：「メキシコにおける多文化主義と教育―1970年代の先住民教育・農村教育を中心に」『文明科学研究』（広島大学大学院総合科学研究科紀要Ⅲ）第3巻、2009年。

ここにいたるまで、すべての方のお名前をあげることはできないが、実に多くの方がたのお世話になってきた。もっともお世話になったのは、東京外国語大学で卒業論文のご指導をいただいた清水透先生（慶應義塾大学名誉教授）である。とても印象深い1年生のスペイン語の授業にはじまり、講義や演習をつうじて多くのことを学んだ。とりわけ「中南米史」という名前の講義だっただろうか、メキシコ・チアパス州のチャムーラという先住民村落でのフィールド・ワークによる研究にもとづいた先生のお話は、世界史に興味をもっていたわたしにとってとても刺激的で興味深いものだった。今から思えば、メキシコ研究を志すきっかけはここにあったのかもしれない。その後、現在にいたるまで清水先生には公私にわたって大変お世話になってきた。

一橋大学大学院進学後は、中内敏夫先生（一橋大学名誉教授）にご指導いただいた。日本の教育史研究に社会史、心性史の手法を導入して、従来の教育史研究を批判的に乗り越えようとする中内先生の真摯な姿勢をつうじて、研究するとはどういうことかその根本のところを身をもって教えていただいた。中内先生ご退職のあと、ご指導を引き受けてくださったのは、ロシア教育史がご専門の関啓子先生（一橋大学名誉教授）であった。わたしの就職が決まり、学位論文を提出しないまま退学したのちも、わたしが論文を提出するまで辛抱強くおまちいただいた。関先生のご寛容さがなければ、論文を提出することも本書を書き上げることもなかっただろう。関先生がご退職されるまえに論文を提出できたことで、少しでも恩返しができたとしたら幸いである。

学位論文の提出にあたっては、関先生のほか、落合一泰先生と木村元先生（ともに一橋大学教授）に審査をしていただいた。落合先生は、副学長という多忙を極める要職にありながら、審査員をお引き受けくださった。わたしが退学する直前に落合先生が一橋大学に来られたため、残念ながら直接、先生のご指導を受ける機会はなかったが、その後、科研費のプロジェクトに加えていただき研究会やメキシコでのセミナーをつうじていろいろなことを学ばせていただいた。また、中内先生の後任として一橋大学に来られた木村先生とは、研究会や科研費のプロジェクトなどでご一緒させていただいた。ロシア革命期の教育史をご専門としていた関先生、メキシコの先住民を対象とする文化人類学研究をご専門としている落合先生、教育制度の社会史研究に取り組んでおられる木村先生、いずれの先生がたのご専門も、わたしの研究に少なからず関連しており、この3人の先生がたに審査していただいたことは本当に幸運であった。ご多忙のところ、拙論をお読みいただきさまざまなご指摘をいただいた先生がたに、あらためて心から感謝申しあげたい。

ほかにも多くの先生がたや先輩がた、仲間たちにお世話になってきた。授業をはじめ、研究会や勉強会のなかで、さまざまな刺激を受け、多くのことを学んできた。一橋大学大学院進学後も、東京外国語大学の大学院ゼミに参加させていただいた。清水先生のほか、高橋正明先生（東京外国語大学名誉教授）と鈴木茂先生（同大教授）が参加するラテンアメリカ合同ゼミ（学生たちはこれを「つぶしのゼミ」と呼んでいた）では、つねに緊張感につつまれたなかで議論が交わされていた。正規の授業以外でも、ラテンアメリカを研究する友人たちと大学を越えて集まり、研究会を組織できたことはとても有意義であった。一橋大学では、教育社会学講座の構成員で研究会を組織していたほか、有志で読書会や勉強会を開いていた。久冨善之先生（一橋大学名誉教授）には、お忙しいなか学生どうしの読書会におつきあいいただいた。教育学などほとんど勉強したことがなかったわたしにとって、こうした勉強会はとてもありがたかった。ただ、メキシコ研究の意義を伝えたいという思いや、なんとかみんなについていかなければならないという気負いがかえって、ややもすると不遜な態度となり、それによって不快な思いをされた方も多かったであろう。今さらながら大いに反省するところであり、みなさまのご海容を願うばかりである。

こうして振り返れば、大学院時代はとても幸福な時間を過ごすことができたとあらためて感じることができる。授業、研究会、勉強会、そしてその後にかならずあった酒席のなかで、先生や先輩がた、仲間たちと議論し、語りあった時間はとても有意義で貴重な時間であった。そして、なによりも楽しかった。わたしの財産である。しかし、わたしが大学院時代を過ごした1990年代は、「共通一次試験」から「センター入試」への変更、いわゆる「大学設置基準の大綱化」、「大学院重点化」などの改革が進められ、大学が大きく変容しはじめた時代でもあった。そして、2004年には国立大学が法人化された。それから10年、多くの大学教員は、つぎからつぎへと進められる改革（小沢弘明氏はこれを「永久革命」と呼ぶ）に追われ疲弊している。何のための、誰のための改革なのか、はたして本当に研究や教育をよくすることにつながるのか、そして、なによりも学生のためになるのかという根本的な疑問をもちつつも目先の仕事に追われている。わたしがかつて感じていた学校教育制度にたいする「違和感」は消えるどころかますます強くなり、「危機感」さらには「無力感」ばかりがつのる。しかしながら幸いにも、わたしが所属する広島大学や他大学にも問題意識を共有する同僚や知人は少なくない。それらの人たちとともに、あきらめることなく地道にみずからが信じる道を行くしかないであろう。

メキシコでの研究にあたっては、博士前期課程在学中にメキシコ政府の奨学金を得て、グアダラハラ大学（Universidad de Guadalajara）、およびメキシコ大学院大学歴史研究センター（Centro de Estudios Históricos, El Colegio de México）に研究員としてお世話になった。メキシコ大学院大学では、日本研究の大学院をもつアジア・アフリカ研究センター（Centro de Estudios de Asia y África）の先生がたにもご支援をいただいた。また、同大学院においては、図書館で文献や史料を自由に閲覧させていただいただけではなく、メキシコ史の大家である先生がたの授業にも聴講生として参加させていただいた。活発に交わされる議論についていこうと必死であったが、意見を求められるたびにしどろもどろになっていた自分に情けない思いをしながら、毎週緊張感いっぱいで参加した授業はとても刺激的であった。

史料収集にあたっては、メキシコ大学院大学のほか、国立文書館（Archivo General de la Nación）、公教育省歴史文書館（Archivo Histórico de la Secretaría de Educación Pública）、社会人類学高等研究センター（Centro de Investigaciones y Estudios Superiores en Antropología Social）、国立先住民研究

所（Instituto Nacional Indigenista）、国立教育大学（Universidad Pedagógica Nacional）などの関係機関を利用したが、とりわけ公教育省歴史文書館では、ロベルト・ペレス＝アギラール（Roberto Pérez Aguilar）氏に大変お世話になった。史料の探索からコピーにいたるまで、的確な助言と迅速な対応をしていただいたおかげで効率的に史料を収集することができた。なお、史料調査にあたっては、科学研究費補助金「メキシコにおけるナショナリズムと農村教育に関する史的研究」（1999～2000年度、課題番号11710148)、「メキシコにおける先住民統合教育から多言語・多文化教育への変容に関する研究」（2001～2002年度、課題番号13710157)、「メキシコにおける住民の教育要求と教育政策の転換に関する研究」(2003～2005年度、課題番号15530543)、「グローバル化時代のメキシコにおける多文化教育に関する研究」(2009～2011年度、課題番号21530882）の助成を受けた。また、調査にあたっていつも宿泊先を提供してくれるメキシコの友人たちにも感謝したい。

本書の刊行にあたっては、（株）溪水社の木村逸司氏に相談に乗っていただいたうえ、出版をご快諾いただいた。また、木村斉子氏には手際よく編集作業を進めていただき、上岡久美子氏にはスペイン語の文献一冊一冊にいたるまで丁寧に校正作業をしていただいた。溪水社のみなさまには大変お世話になった。感謝申しあげたい。なお。本書の刊行にさいし、独立行政法人日本学術振興会、2014年度科学研究費助成事業（科学研究費補助金）の研究成果公開促進費の助成を受けた。

最後に、メキシコ行きや大学院進学など、大切なことをまったく相談もせずに勝手に決めてしまったわたしを、なにもいわずに見守ってくれた父と母と姉に、そして、毎年1、2回メキシコに出張し、また、大学やそのほかの仕事を抱えながら飽和状態で博士論文を書いていたわたしを支えてくれたパートナーに、心からお礼を言いたい。ありがとう。そして、本書を亡き父の墓前に捧げたい。

2014年12月　研究室にて

# 事項索引

# 人名索引

【著者】

青木　利夫（あおき　としお）

1964年　埼玉県生まれ
1990年　東京外国語大学外国語学部スペイン語学科卒業
1998年　一橋大学大学院社会学研究科博士後期課程単位取得退学
現　在　広島大学大学院総合科学研究科准教授、博士（社会学）
業　績
『生活世界に織り込まれた発達文化―人間形成の全体史への道』（共編著）東信堂、近刊。
「闘う地域の変革者としての農村教師―20世紀前半のメキシコにおける教師の記録」槇原茂編『個人の語りがひらく歴史―ナラティヴ／エゴ・ドキュメント／シティズンシップ』ミネルヴァ書房、2014年。
“El centenario de la independencia como espacio social: el caso de Guadalajara”『文明科学研究』（広島大学大学院総合科学研究科紀要Ⅲ）第6巻、2011年。

20世紀メキシコにおける農村教育の社会史
―農村学校をめぐる国家と教師と共同体―

平成27年2月25日　発　行

著　者　青木　利夫
発行所　株式会社　溪水社
広島市中区小町1-4（〒730-0041）
電話082-246-7909／FAX 082-246-7876
e-mail : info@keisui.co.jp
URL : www.keisui.co.jp

ISBN978-4-86327-281-1　C3022